电工电子基础课程系列教材

电工电子技术实验教程

卫永琴　马　进　孟秀芝　主　编

陈升刚　苏　涛　尹唱唱　张林颖　张　晓　副主编

电子工业出版社

Publishing House of Electronics Industry

北京·BEIJING

内 容 简 介

本书包括电工技术和电子技术,涉及电路、电动机及其控制、模拟电子技术、数字电子技术等领域,既有详细的实验内容和实验步骤,又有扩散思维的思考题等,既有基础性、验证性、设计性实验,又有与仿真和实操紧密结合的综合性实验,旨在全面培养、提高学生的动手能力和面向工程应用设计的能力。本书主要内容包括 7 个电路基础实验、1 个电动机及其控制实验、6 个模拟电子技术实验、7 个数字电子技术实验等。

本书可作为高等学校非电类专业相关课程的实验指导书,也可供相关工程技术人员学习参考。

未经许可,不得以任何方式复制或抄袭本书之部分或全部内容。

版权所有,侵权必究。

图书在版编目(CIP)数据

电工电子技术实验教程 / 卫永琴,马进,孟秀芝主编. —北京:电子工业出版社,2021.9

ISBN 978-7-121-42062-7

Ⅰ. ①电⋯ Ⅱ. ①卫⋯ ②马⋯ ③孟⋯ Ⅲ. ①电工技术—实验—高等学校—教材
②电子技术—实验—高等学校—教材 Ⅳ. ①TM-33②TN-33

中国版本图书馆 CIP 数据核字(2021)第 192020 号

责任编辑:王羽佳   特约编辑:武瑞敏
印   刷:北京天宇星印刷厂
装   订:北京天宇星印刷厂
出版发行:电子工业出版社
　　　　　北京市海淀区万寿路 173 信箱   邮编   100036
开   本:787×1 092   1/16   印张:9.75   字数:249.6 千字
版   次:2021 年 9 月第 1 版
印   次:2022 年 12 月第 4 次印刷
定   价:39.90 元

凡所购买电子工业出版社图书有缺损问题,请向购买书店调换。若书店售缺,请与本社发行部联系,联系及邮购电话:(010)88254888,88258888。

质量投诉请发邮件至 zlts@phei.com.cn,盗版侵权举报请发邮件至 dbqq@phei.com.cn。

本书咨询联系方式: (010)88254535,wyj@phei.com.cn。

前　言

近年来，为了提高高等学校的教学质量，教育部和各高校都投入了大量的精力，采取了很多有效措施，除了要求学生学好理论知识，还要加强实践性环节的训练。在此背景下，为了提高非电类工科专业电工电子技术实验课程的教学质量，方便学生实验，作者结合我校实验设备编写了本实验教程。

本书共有 21 个典型实验，其中包括电工技术和电子技术，涉及电路、电动机及其控制、模拟电子技术、数字电子技术等领域，既有详细的实验内容和实验步骤，又有扩散思维的思考题等，既有基础性、验证性、设计性实验，又有与仿真和实操紧密结合的综合性实验，旨在全面培养、提高学生的动手能力和面向工程应用设计的能力。21 个典型实验包含 7 个电路基础实验、1 个电动机及其控制实验、6 个模拟电子技术实验、7 个数字电子技术实验，其中双路跟踪直流稳压电源、简易数字频率计和数控测量放大器 3 个综合性实验采取了 Multisim 仿真和实际操作相结合的方式进行。

为了提高学习效率，我们设计了专门的实验报告的内容页，学生使用本书时，可以沿虚线撕下，粘贴到实验报告册中。

本书是在山东科技大学国家级电工电子实验教学示范中心实验教师反复实践的基础上编写的，由卫永琴、马进和孟秀芝主编，陈升刚编写实验课要求及方法指导、学生实验规则；电路基础实验由马进和孟秀芝编写，电动机及其控制实验由张晓编写，模拟电子技术实验与数字电子技术实验由卫永琴、苏涛、尹唱唱等共同编写，其中尹唱唱主要负责综合性实验的 Multisim 仿真部分，岳玉丹、唐巧巧、李金穗参与了本书部分书稿和图的录入工作。全书由卫永琴、马进统稿。

在本书编写过程中，山东科技大学国家级电工电子实验教学示范中心领导和全体老师给予了大力支持和帮助，提出了不少宝贵意见，在此表示衷心的感谢。

由于编者水平有限且编写时间仓促，书中难免存在错误和不妥之处，敬请广大读者批评指正，多提宝贵意见，以便今后不断改进。

作　者
2021 年 1 月

目　　录

学生实验规则

一、准时进入实验室（最好提前5分钟），迟到10分钟者，不得参加该次实验。

二、实验前必须按指导书规定的预习要求，认真做好预习并完成预习思考题。

三、实验过程应严肃认真。接线、查线、改接线及拆线均需在断电情况下进行，接好线路后，先自行检查是否正确，再经指导教师复查认可后，方可接通电源。在实验过程中，如有不正常情况或事故发生，应立即切断电源，查找原因，必要时报告指导教师协助处理。

四、实验完毕，学生应自行检查并整理好实验数据，然后断开电源，拆除线路，整理好仪器设备，经教师验收后，方可离开实验室。

五、不允许穿拖鞋进入实验室。严格遵守安全操作规程，确保人身及国家财产安全。实验室内不得高声喧哗，不得乱扔废纸杂物和随地吐痰，禁止吸烟，不得吃东西，保持安静、整洁的学习环境。

六、爱护公物。不乱动与本次实验无关的仪器设备。实验室的一切公物，均不得擅自带出室外。仪器设备和实验器材如有损坏，必须报告指导教师和管理人员，照章处理。

实验课要求及方法指导

一、实验课的作用和目的

实验教学课是高等教育的一个重要教学环节，是理论联系实际的重要手段。对电工电子技术实验课来说，主要是通过学生亲自做实验，验证和巩固所学的理论知识，训练和掌握基本实验技能，提高动手操作能力，培养学生分析问题和解决问题的实际工作能力。因此，要求通过实验课的学习，达到以下目的。

（1）训练学生的基本实验技能。学习基本的电量和非电量的电工测试技术，学习各种常用的电工仪表、电子仪表、电机电器等的使用方法，掌握基本的电工测试技术、实验方法和数据分析处理方法。

（2）巩固、加深并延展所学到的理论知识，培养运用基本理论分析、解决实际问题的能力；培养学生严肃认真、实事求是、细致踏实的科学作风和良好的实验习惯。

二、实验课的要求

1. 实验课前的准备工作

为了使实验课能顺利进行和达到预期的效果，务必做好充分的预习准备工作。课前的预习要求如下。

（1）认真阅读实验指导书，明确实验的目的和要求，并结合实验原理复习有关理论，认真观看实验仪器使用方法的视频，完成实验的方法和步骤，按照要求设计好实验线路，认真解答"实验预习要求"中的思考题。实验指导书中带"*"的内容为选做的内容。

（2）理解并记住指导书中提出的注意事项，初步了解实验中所用仪器设备的作用和使用方法。

2. 实验过程中的工作

（1）应按规定时间准时到实验室参加实验，认真听指导教师的讲解，迟到 10 分钟以上者，不得参加实验。

（2）到指定的位置后，首先按设备清单清点设备和实验器材，仔细查对电源和仪器设备是否与指导书的要求相符并完好无损。按方便操作、便于观察与读数、保证安全的原则，合理布置好各种仪器设备的位置。

（3）接线时，一般按先串联后并联的原则，在断开电源的情况下，先接无电源部分，再接电源部分。线路接好后，仔细检查无误，并经指导教师复查确认，才能接通电源。

（4）在实验操作过程中，要胆大心细，用理论指导实践，遵循规定的实验步骤独立操作。测试数据应在电路正常稳定工作之后进行，应特别注意仪表量程的选择。遇到疑难问题或设备故障时，应请教师指导，注重培养自己独立分析问题和解决问题的能力。

（5）在实验过程中要注意观察对象，仔细读取数据，随时分析实验结果的合理性。如发现异常现象或故障，应立即切断电源，然后根据现象查找原因，必要时报告指导教师协助处理。因事故损坏仪器设备者，要填写事故报告单。对违反操作规程引起的责任事故，要酌情赔偿经济损失。

（6）实验完毕，实验数据经教师审查合格后，才可拆除线路，并把仪器设备摆放整齐，做好桌面和环境清洁工作，经教师同意后方可离开实验室。

3. 实验课后的工作

实验课后的工作主要是编写实验报告，这是实验的重要环节之一，是对实验过程的全面总结。要按指导书的具体要求，用简明的形式，将实验结果完整和真实地表达出来。实验报告必须独立完成。学生做完实验后，应及时写好实验报告，并交给指导教师批改。不交实验报告者，该次实验以 0 分计。

三、几个必须特别注意的事项

1. 安全操作须知

要严格遵守实验室的各项安全操作规程，以确保实验过程人身和设备的安全。

（1）接线、改接线和拆线，均应在断开电源开关的状态下进行，不得带电操作，不能触及带电部分。

（2）发现异常情况（声响、过热、焦臭等）应立即断开电源开关，切不可惊慌失措，以防事故扩大。

（3）注意仪器设备的规格、量程和使用方法。不了解仪器设备的性能和使用方法时，不得使用该设备。不要随意摆弄与本次实验无关的仪器设备。

（4）凡学生自拟的实验内容，须经教师同意后方可进行实验。

2. 线路的连接

了解所用仪器设备的铭牌数据，注意工作电压、电流不能超过额定值。选用的仪表类型、量程、准确度等级要合适，注意测量仪表对被测电路工作状态的影响。

（1）合理布置仪器设备及实验装置。

（2）应遵循的原则是：利于走线，方便操作和测试，防止相互影响。

（3）正确连线。

① 根据电路的结构特点，选择合理的接线步骤。一般是"先串后并""先分后合"或"先主后辅"。接线时应先接负载侧连线，后接电源线；拆线时先拆电源线，后拆负载线。

② 养成良好的接线习惯，走线要合理，防止连线短路。接线片不宜过于集中在一点，

电表接头上非不得已不接两根导线，接线松紧应适当。

③ 仔细调整。电路参数应调整到实验所需值，调压器、分压器等可调设备的起始位置要调至最安全处。

3. 操作、观察、读数和记录

（1）操作前要做到心中有数，目的明确。二人一组时，应明确分工，密切配合。

（2）操作时应做到：手合电源，眼观全局，先看现象，待电路正常工作后，再测取数据。

（3）测取数据时，应选准仪表的档位、量程及刻度尺，读数时姿势要正确，做到"眼、针、影成一线"。

（4）要合理取舍有效数字（最后一位为估计数字），数据记录应表格化（预习时应事先拟好记录表格），实验后不能随意涂改。

4. 图表、曲线的绘制

实验报告中的波形、曲线均应画在坐标纸上，比例应适当。坐标轴上应注明物理量的符号和单位，标明比例尺。作曲线应使用曲线板绘制，力求曲线光滑，而不必强求经过所有测试点。

5. 故障现象的检查及排除

实验中常会遇到因断线、接错线等原因造成的故障，致使电路工作不正常，严重时可损坏设备，甚至危及人身安全。

为避免接错线造成事故，线路接好后一定要反复仔细检查，包括自查、同学互查和教师复查，确认无误后方可合上电源开关进行实验。

实验所用电源一般都是可以调节的。实验时电压应从零缓慢升高，并密切注视各仪表指示有无异常。如发现声响、冒烟、焦臭味及设备发烫、仪表指针超量程等异常情况，应立即切断电源开关，或把电压调节手轮（或旋钮）退回零位再切断电源，然后根据现象查找故障原因，必要时报告指导教师协助处理。

电路基础部分

实验一　电路元件伏安特性的测绘

一、实验目的

（1）学会识别常用电路元件的方法。
（2）掌握线性电阻、非线性电阻、半导体二极管等元件伏安特性的测绘。
（3）掌握实验台上直流电工仪表和设备的使用方法。

二、实验原理

任何一个二端元件的特性都可用该元件上的端电压 U 与通过该元件的电流 I 之间的函数关系 $I=f(U)$ 来表示，即用 I-U 平面上的一条曲线来表征，这条曲线称为该元件的伏安特性曲线。

1. 线性电阻

线性电阻的伏安特性曲线是一条通过坐标原点的直线，如图 1-1 中 a 所示，该直线的斜率等于该电阻的电阻值。

2. 非线性电阻

一般的白炽灯是一个非线性电阻，它在工作时灯丝处于高温状态，其灯丝电阻随着温度的升高而增大，通过白炽灯的电流越大，其温度越高，阻值也越大，一般灯泡的"冷电阻"与"热电阻"的阻值可相差几倍至十几倍，所以它的伏安特性如图 1-1 中 b 所示。

3. 普通二极管

普通二极管是一个非线性电阻元件，其伏安特性如图 1-1 中 c 所示。

正向压降很小（一般锗管为 0.2～0.3V，硅管为 0.5～0.7V），正向电流随正向压降的升高而迅速上升；而反向电压从零一直增大到十几伏至几十伏时，其反向电流增大得很慢，粗略地可视为零。可见，二极管具有单向导电性。但如果反向电压加得过高，超过二极管的极限值，就会导致二极管被击穿而损坏。

4. 稳压二极管

稳压二极管是一种特殊的半导体二极管，其正向特性与普通二极管类似，但其反向特性较特别，如图 1-1 中 *d* 所示。在反向电压开始增大时，其反向电流几乎为零；但当电压增大到某一数值（称为管子的稳压值，有各种不同稳压值的稳压管）时，电流将突然增大，之后它的端电压将基本维持恒定，当外加的反向电压继续升高时，其端电压仅少量增大。但要注意，流过稳压管的电流不能超过它的极限值，否则稳压二极管会被烧坏。

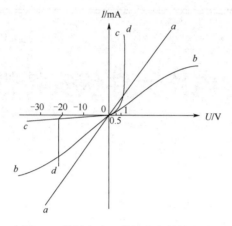

图 1-1　常用电路元件的伏安特性曲线

三、实验设备

实验设备如表 1-1 所示。

表 1-1　实验设备

序号	名　称	型号与规格	数量	备注
1	可调直流稳压电源	UTP 8303B	1	
2	数字万用表	VC9801A+	1	
3	直流数字毫安表	0～200mA	1	
4	直流数字电压表	0～200V	1	
5	二极管	1N4007	1	
6	稳压管	2CW51	1	
7	白炽灯	12V，0.1A	1	
8	线性电阻器	200Ω，1kΩ/8W	1	

四、实验内容

1. 测定线性电阻的伏安特性

按图 1-2 接线，调节稳压电源的电压幅值 U，使电阻的端电压 U_R 从 0V 开始缓慢地增大，一直到 10V，记下相应的电压表和电流表的读数 U_R、I，在表 1-2 中记下毫安表的读数 I。

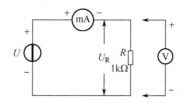

图 1-2　测定线性电阻的伏安特性电路

表 1-2　线性电阻的伏安特性测量数据

U_R/V	0	2	4	6	8	10
I/mA						

2. 测定白炽灯（非线性电阻元件）的伏安特性

将图 1-2 中的 R 换成一只 12V、0.1A 的灯泡，如图 1-3 所示，调节稳压电源的输出电压 U，使白炽灯的端电压 U_L 从 0V 开始缓慢增大，一直到 5V，在表 1-3 中记下毫安表的读数 I。

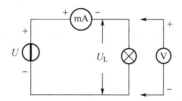

图 1-3　测定非线性白炽灯的伏安特性电路

表 1-3　白炽灯的伏安特性测量数据

U_L/V	0.1	0.5	1	2	3	4	5
I/mA							

3. 测定普通二极管的伏安特性

（1）正向特性的测量。按图 1-4（a）接线，R 为限流电阻，调节稳压电源的输出电压 U，使二极管的正向压降 U_{D+} 从 0V 开始缓慢增大，在表 1-4 中记下毫安表的读数 I，注意，二极管的正向电流不得超过 35mA。

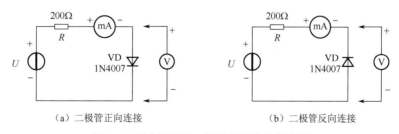

（a）二极管正向连接　　　　　　　　　　（b）二极管反向连接

图 1-4　测定半导体二极管的伏安特性电路

表 1-4　二极管正向特性实验数据

U_{D+}/V	0.10	0.30	0.50	0.55	0.60	0.65	0.70	0.75
I/mA								

（2）反向特性的测量。将图 1-4（a）中的电源正、负极反接，电路即变成图 1-4（b）所示的电路。调节稳压电源的输出电压 U，使二极管的反向压降 U_D 从 0V 开始缓慢地减小到 -30V，在表 1-5 中记下毫安表的读数 I。

表 1-5　二极管反向特性实验数据

U_D/V	0	-5	-10	-15	-20	-25	-30
I/mA							

4. 测定稳压二极管的伏安特性

（1）正向特性的测量。将图 1-4（a）中的二极管换成稳压二极管 2CW51，调节稳压电源的输出电压 U，使稳压二极管的正向压降 U_{Z+} 从 0V 开始缓慢地增大，在表 1-6 中记下毫安表的读数 I。

表 1-6　稳压二极管正向特性测量数据

U_{Z+}/V	0.10	0.30	0.50	0.55	0.60	0.65	0.70	0.75
I/mA								

（2）反向特性的测量。将图 1-4（b）中的 R 换成 1kΩ，2CW51 反接，测量 2CW51 的反向特性。调节稳压电源的输出电压 U（在 0~20V 范围内），使稳压二极管的反向电压 U_{Z-} 从 0V 开始缓慢地减小到 -4.0V，在表 1-7 中记下毫安表的读数 I。

表 1-7　稳压二极管反向特性测量数据

U_O/V	0	-1.0	-2.0	-2.5	-3.0	-3.4	-3.7	-4.0
U_Z/V								
I/mA								

五、实验注意事项

（1）稳压电源的输出端切勿碰线短路。

（2）测普通二极管正向特性时，稳压电源输出应由小至大地逐渐增加，应时刻注意电流表读数不得超过 35mA。

（3）进行不同实验时，应先估算电压和电流值，合理选择仪表的量程，勿使仪表超量程，仪表的极性也不可接错。

六、预习思考题

（1）线性电阻与非线性电阻的概念是什么？电阻器与二极管的伏安特性有何区别？

（2）稳压二极管与普通二极管有何区别？其用途如何？

实验二　基尔霍夫定律与叠加定理的验证

一、实验目的

（1）验证基尔霍夫定律和叠加定理的正确性，加深对基尔霍夫定律和叠加定理的理解。
（2）学会用电流插头、插座测量各支路电流。

二、实验原理

1. 基尔霍夫定律

基尔霍夫定律是电路的基本定律，即对电路中的任一个节点而言，应有 $\sum I = 0$；对任何一个闭合回路而言，应有 $\sum U = 0$。测量某电路的各支路电流及每个元件两端的电压，应分别满足基尔霍夫电流定律（KCL）和电压定律（KVL）。

2. 叠加定理

在多个独立源共同作用的线性电路中，通过每个元件的电流或其两端的电压，可以看成是由每个独立源单独作用时在该元件上所产生的电流或电压的代数和。

线性电路的齐次性是指当激励信号（某独立源的值）增大 K 倍或减小 $1/K$ 时，电路的响应（在电路中各电阻元件上所建立的电流和电压值）也将增大 K 倍或减小 $1/K$。

运用上述定律和定理时，必须注意各支路或闭合回路中电流的正方向，此方向可预先任意设定。

三、实验设备

实验设备如表 2-1 所示。

表 2-1　实验设备

序号	名称	型号与规格	数量	备注
1	双路直流可调稳压电源	MCH-303D-Ⅱ 0～30V	1	
2	数字万用表	VC9801A+	1	
3	直流电压表	0～200V	1	
4	电位、电压测定实验电路板		1	

9

四、实验内容

1. 基尔霍夫定律的验证

采用 DGJ-02 型设备的实验电路如图 2-1（a）所示，用 DGJ-03 挂箱的"基尔霍夫定律/叠加原理"电路。

采用 TX 型设备的实验电路如图 2-1（b）所示，需要自行连接电路。

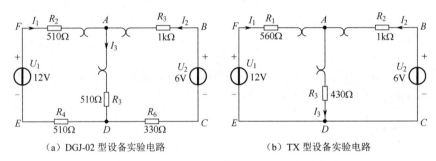

（a）DGJ-02 型设备实验电路　　　　　　（b）TX 型设备实验电路

图 2-1　验证基尔霍夫定律和叠加定理实验电路

实验调试步骤如下。

（1）实验前先任意设定三条支路和三个闭合回路的电流正方向。图 2-1 中的 I_1、I_2、I_3 的方向已设定。三个闭合回路的电流正方向可设为 *ADEFA*、*BADCB* 和 *FBCEF*。

（2）分别将两路直流稳压电源接入电路，令 U_1=12V，U_2=6V。

（3）熟悉电流插头的结构，将电流插头的两端接至数字毫安表的"+""–"两端。

（4）将电流插头分别插入三条支路的三个电流插座中，读出并记录电流值。

（5）用直流数字电压表分别测量两路电源及电阻元件上的电压值，记录于表 2-2 中。

表 2-2　基尔霍夫定律验证测量值

被测量	I_1/mA	I_2/mA	I_3/mA	U_1/V	U_2/V	U_{FA}/V	U_{AB}/V	U_{AD}/V	U_{CD}/V	U_{DE}/V
计算值										
测量值										
相对误差										

2. 叠加定理的验证

若采用 DGJ-02 型设备，实验电路如图 2-1（a）所示，用 DGJ-03 挂箱的"基尔霍夫定律/叠加原理"电路。

若采用 TX 型设备，则实验电路如图 2-1（b）所示，需要自行连接电路。

具体实验步骤如下。

（1）将两路直流稳压电源的输出分别调节为 12V 和 6V，接入 U_1 和 U_2 处。

（2）令 U_1 电源单独作用（将开关 K_1 投向 U_1 侧，开关 K_2 投向短路侧）。用直流数字电压表和毫安表（接电流插头）测量各支路电流及各电阻元件两端的电压，将数据记入表 2-3 中。

（3）令 U_2 电源单独作用（将开关 K_1 投向短路侧，开关 K_2 投向 U_2 侧），重复实验步骤（2）的测量和记录，将数据记入表 2-3 中。

（4）令 U_1 和 U_2 共同作用（开关 K_1 和 K_2 分别投向 U_1 和 U_2 侧），重复上述的测量和记录，将数据记入表 2-3 中。

（5）将 U_2 的数值调至+12V，重复上述步骤（3）的测量并记录，将数据记入表 2-3 中。

表 2-3 U_1、U_2 单独作用/共同作用时的测量数据

实验内容	测量项目									
	U_1/V	U_2/V	I_1/mA	I_2/mA	I_3/mA	U_{AB}/V	U_{CD}/V	U_{AD}/V	U_{DE}/V	U_{FA}/V
U_1 单独作用										
U_2 单独作用										
U_1、U_2 共同作用										
$2U_2$ 单独作用										

五、实验注意事项

（1）所有需要测量的电压值，均以电压表测量的读数为准。U_1、U_2 也需测量，不应取电源本身的显示值。

（2）防止稳压电源两个输出端碰线短路。

（3）测量电压、电流时，应按实验要求，按正确极性连接。

六、预习思考题

（1）根据图 2-1 所示的电路参数，计算出待测的电流 I_1、I_2、I_3 和各电阻上的电压值，记录下来，以便实验测量时，可正确地选定毫安表和电压表的量程。

（2）在叠加原理实验中，采用单个电压源作用时，将不作用的另一个电压源撤掉后，其所在支路的端口应怎样连接？能否不撤掉该电压源，直接用短路线将其短接置零？若该电源为电流源，情况又如何？

（3）在实验电路中，若添加一个二极管，试问叠加原理的叠加性与齐次性还成立吗？为什么？

实验三　戴维宁定理和诺顿定理的验证

一、实验目的

（1）验证戴维宁定理和诺顿定理的正确性，加深对该定理的理解。

（2）掌握测量有源二端网络等效参数的一般方法。

二、实验原理

1. 戴维宁定理

任何一个线性有源网络，若仅研究其中一条支路的电压和电流，则可将电路的其余部分视为一个有源二端网络（或称为含源一端口网络）。

任何一个线性有源二端网络，总可以用一个电压源与一个电阻的串联来等效代替，此电压源的电动势 U_s 等于这个有源二端网络的开路电压 U_{oc}，其等效内阻 R_0 等于该网络中所有独立源均置零（理想电压源视为短接，理想电流源视为开路）时的等效电阻。

2. 诺顿定理

任何一个线性有源二端网络，总可以用一个电流源与一个电阻的并联组合来等效代替，此电流源的电流 I_s 等于这个有源二端网络的短路电流 I_{sc}，其等效内阻 R_0 与戴维宁定理中 R_0 的定义相同，求解方法也相同。

U_{oc}（U_s）和 R_0 或者 I_{sc}（I_s）和 R_0 称为有源二端网络的等效参数。

3. 有源二端网络等效参数的测量方法

（1）开路电压、短路电流法测 R_0。在有源二端网络输出端开路时，用电压表直接测其输出端的开路电压 U_{oc}，然后将其输出端短路，用电流表测其短路电流 I_{sc}，则等效内阻为

$$R_0 = \frac{U_{oc}}{I_{sc}}$$

如果二端网络的内阻很小，若将其输出端口短路，则易损坏其内部元件，因此不宜用此法。

（2）伏安法测 R_0。用电压表、电流表测出有源二端网络的外特性曲线，如图 3-1 所示。根据外特性曲线求出斜率 $\tan\varphi$，则内阻 $R_0 = \tan\varphi = \frac{\Delta U}{\Delta I} = \frac{U_{oc}}{I_{sc}}$。

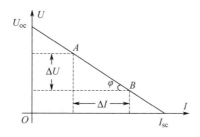

图 3-1 有源二端网络的外特性曲线

也可以先测量开路电压 U_{oc}，再测量电流为额定值 I_N 时的输出端电压值 U_N，则内阻为 $R_0 = \dfrac{U_{oc} - U_N}{I_N}$。

（3）半电压法测 R_0。如图 3-2 所示，当负载电压为被测网络开路电压的一半时，负载电阻（由电阻箱的读数确定）为被测有源二端网络的等效内阻值。

（4）零示法测 U_{oc}。在测量具有高内阻有源二端网络的开路电压时，用电压表直接测量会造成较大的误差。为了消除电压表内阻的影响，往往采用零示法，如图 3-3 所示。

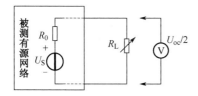

图 3-2 半电压法测 R_0 电路

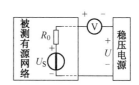

图 3-3 零示法测 U_{oc} 电路

零示法的测量原理是用一低内阻的稳压电源与被测有源二端网络进行比较，当稳压电源的输出电压与有源二端网络的开路电压相等时，电压表的读数将为"0"。然后将电路断开，测量此时稳压电源的输出电压，即被测有源二端网络的开路电压。

三、实验设备

实验设备如表 3-1 所示。

表 3-1 实验设备

序号	名　　称	型号与规格	数量	备注
1	可调直流稳压电源	0～30V	1	
2	可调直流恒流源	0～500mA	1	
3	直流数字电压表	0～200V	1	
4	直流数字毫安表	0～200mA	1	
5	数字万用表	VC9801A+	2	
6	可调电阻箱	0～99999.9Ω	1	
7	电位器	1kΩ/2W	1	
8	戴维宁定理实验电路板		1	

四、实验内容

被测有源二端网络如图 3-4（a）或图 3-4（c）所示。若采用 DGJ-02 型设备，实验电路如图 3-4（a）、（b）所示，用 DGJ-03 挂箱的"基尔霍夫定律/叠加原理"电路。

若采用 TX 型设备，则实验电路如图 3-4（c）、（d）所示，需自行连接电路。

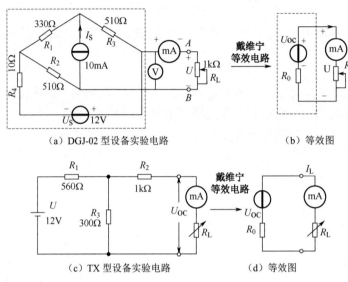

（a）DGJ-02 型设备实验电路　　　　　　　　（b）等效图

（c）TX 型设备实验电路　　　　　　　　（d）等效图

图 3-4　实验电路和等效图

1. 用开路电压、短路电流法测定戴维宁等效电路的 U_{oc}、R_0 和诺顿等效电路的 I_{sc}、R_0

按图 3-4（a）或图 3-4（c）接入稳压电源 U_s=12V 和恒流源 I_s=10mA，不接入 R_L。测出 U_{oc} 和 I_{sc}，并计算出 R_0（测 U_{oc} 时，不接入毫安表），填入表 3-2 中。

表 3-2　有源二端网络的等效参数测量数据

U_{oc}/V	I_{sc}/mA	$R_0=U_{oc}/I_{sc}$/Ω

2. 负载实验

按图 3-4（a）或图 3-4（c）连线，接入 R_L。改变负载 R_L 的阻值，测量电压、电流值，将测量数据记入表 3-3 中。

表 3-3　负载实验测量数据

R_L/Ω	0	200	400	600	800	1k	1.2k	1.4k	∞
U/V									
I/mA									

3. 验证戴维宁定理

从电阻箱上取得按步骤"1"所得的等效电阻 R_0 之值，然后令其与直流稳压电源（其幅值调到步骤"1"时所测得的开路电压 U_{oc} 之值）相串联，如图 3-4（b）或图 3-4（d）所示，改变 R_L 的阻值，测量电压、电流值，记于表 3-4 中，对戴维宁定理进行验证。

表 3-4 戴维宁等效电路测量数据

R_L/Ω	0	200	400	600	800	1k	1.2k	1.4k	∞
U/V									
I/mA									

4. 验证诺顿定理

从电阻箱上取得按步骤"1"所得的等效电阻 R_0 之值，然后令其与直流恒流源（调到步骤"1"时所测得的短路电流 I_{sc} 之值）相并联，如图 3-5 所示，改变 R_L 的阻值，测量电压、电流值，记于表 3-5 中，对诺顿定理进行验证。

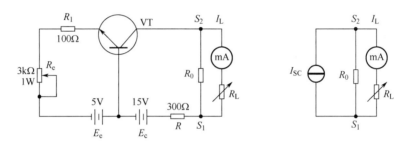

图 3-5 TX 型设备电流源电路及等效图

表 3-5 诺顿等效电路测量数据

R_L/Ω	0	200	400	600	700	800	1k	1.2k	1.4k	∞
U/V										
I/mA										

5*. 有源二端网络等效电阻（又称入端电阻）的直接测量法

如图 3-4（a）所示，将被测有源网络内的所有独立源置零（去掉电流源 I_s 和电压源 U_s，并在原电压源所接的两点用一根短路导线相连），然后用伏安法或者直接用万用表的欧姆挡去测定负载 R_L 开路时 A、B 两点间的电阻，此即被测网络的等效内阻 R_0。

五、实验注意事项

（1）测量时应注意电流表量程的更换。

（2）用万用表直接测 R_0 时，网络内的独立源必须先置零，以免损坏万用表。其次，欧姆挡必须经调零后再进行测量。

（3）用零示法测量 U_{oc} 时，应先将稳压电源的输出调至接近于 U_{oc}，再按图 3-3 的方法进行测量。

六、预习思考题

（1）在求戴维宁或诺顿等效电路时，做短路实验，测 I_{sc} 的条件是什么？在本实验中可否直接做负载短路实验？实验前请对图 3-4（a）预先做好计算，以便调整实验线路及测量时可准确地选取电表的量程。

（2）说明测有源二端网络开路电压及等效内阻的几种方法，并比较其优缺点。

实验四　RC 一阶电路的响应

一、实验目的

（1）通过实验加深对 RC 串联电路充放电特性的理解。
（2）学习电路时间常数的测量方法。
（3）进一步学会用示波器观测波形。

二、实验原理

电容具有充放电功能，充放电时间与电路时间常数 τ 有关。

1. 电容的充放电

图 4-1（b）所示为 RC 串联一阶电路，其零输入响应和零状态响应分别按指数规律衰减和增长，变化的快慢取决于电路的时间常数 τ。

动态网络的过渡过程是十分短暂的单次变化过程。要用普通示波器观察过渡过程和测量有关的参数，就必须使这种单次变化的过程重复出现。为此，我们利用信号发生器输出的方波来模拟阶跃激励信号，即将方波输出的上升沿作为零状态响应的正阶跃激励信号，将方波的下降沿作为零输入响应的负阶跃激励信号。只要选择方波的重复周期远大于电路的时间常数 τ，那么电路在这样的方波序列脉冲信号的激励下，它的响应就与直流电接通和断开的过渡过程是基本相同的。

2. 零状态响应、零输入响应

在图 4-1（b）所示的电路中，当输入脉冲波形的脉宽 $t_p = (3\sim5)\tau$ 时，则：当矩形脉冲从零跃升为幅值 U 时，认为输入信号施加于 RC 电路的零状态响应；当矩形脉冲从幅值 U 跃降为零时，认为 RC 电路产生零输入响应。

3. 时间常数 τ 的测定方法

用示波器测量零输入响应的波形如图 4-1（a）所示。

根据一阶微分方程求解得知 $u_c = U_m \mathrm{e}^{-t/RC} = U_m \mathrm{e}^{-t/\tau}$。当 $t = \tau$ 时，$U_c(\tau) = 0.368 U_m$。此时所对应的时间就等于 τ。也可用零状态响应波形增大到 $0.632 U_m$ 所对应的时间测得，如图 4-1（c）所示。

17

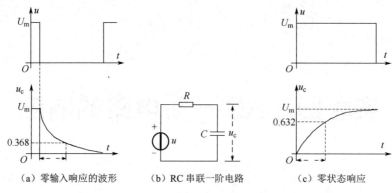

图 4-1　RC 一阶电路图及激励、响应波形

三、实验内容

1. 电容器充放电电路

（1）从电路板上选 $R_1=R_2=150\text{k}\Omega$，$C=100\mu\text{F}$，组成如图 4-2（a）所示的 RC 充放电实验电路，直流电源输出 $E=12\text{V}$。将开关 K 打到 1，接通直流电源（通电前先对电容器放电），电源经电阻 R_1 对电容器充电，电容器两端电压为 $u_c=E(1-e^{-t/RC})$，电路中的电流为 $i=Ee^{-t/RC}/R$，波形如图 4-2（b）所示。以开关接通的时间为计时起点，用秒表分别测出各时间对应的电容器两端电压 u_c 和充电电流 i 值，记录在表 4-1 和表 4-2 中。

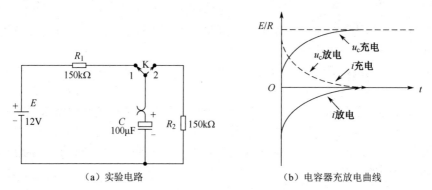

（a）实验电路　　　　　　　　　　（b）电容器充放电曲线

图 4-2　RC 充放电实验电路及电容器充放电曲线

表 4-1　充电时间和电压的数据记录表

t/s	0	5	10	20	30	40	50	60	70	80	90	100
u_c/V												

表 4-2　充电时间和电流的数据记录表

t/s	0	5	10	20	30	40	50	60	70	80	90	100
$i/\mu\text{A}$												

（2）先将开关 K 打到 1，电源经电阻 R_1 对电容器充电至 $u_c=E$，再将开关打到 2，电容器通过电阻 R_2 放电，此时电容器两端电压为 $u_c=Ee^{-t/RC}$，电路中的电流为 $i=Ee^{-t/RC}/R$，波形

如图 4-2（b）所示。以开关接通的时间为计时起点，用秒表分别测出各时间对应的电容器两端电压 u_C 和放电电流 i 值，记录在表 4-3 和表 4-4 中。

表 4-3　放电时间和电压的数据记录表

t/s	0	5	10	20	30	40	50	60	70	80	90	100
u_C/V												

表 4-4　放电时间和电流的数据记录表

t/s	0	5	10	20	30	40	50	60	70	80	90	100
i/μA												

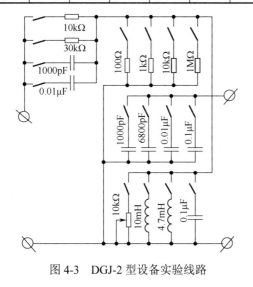

图 4-3　DGJ-2 型设备实验线路

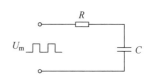

图 4-4　RC 一阶电路

2. 一阶 RC 积分电路

选 $R=10\text{k}\Omega$，$C=0.01\mu\text{F}$，组成如图 4-4 所示的 RC 一阶电路，输入端接低频信号源输出的 $U_\text{m}=1\text{V}$、$f=1\text{kHz}$ 方波电压信号，用双踪示波器观察输入与输出波形。

少量地改变电容值或电阻值，定性地观察对响应的影响，记录观察到的现象。

令 $R=10\text{k}\Omega$，$C=0.1\mu\text{F}$，组成如图 4-5（a）所示的积分电路。观察并描绘激励响应的波形，继续增大 C 值，定性地观察对响应的影响。

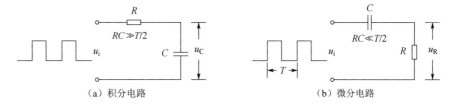

（a）积分电路　　　　　　　　　　　　（b）微分电路

图 4-5　积分、微分电路

3. 一阶 RC 微分电路

令 $C=0.01\mu\text{F}$，$R=1000\Omega$，组成如图 4-5（b）所示的微分电路。在同样的方波激励信号（$U_\text{m}=1\text{V}$，$f=1\text{kHz}$）作用下，观测并描绘激励与响应的波形。

四、实验注意事项

（1）调节电子仪器各旋钮时，动作不要过快、过猛。实验前，需熟读双踪示波器的使用说明书。观察双踪时，要特别注意相应开关、旋钮的操作与调节。

（2）信号源的接地端与示波器的接地端要连在一起（称为共地），以防受外界干扰而影响测量的准确性。

（3）描绘波形时，输入波形和输出波形的相位和幅值应相对应。

五、预习思考题

（1）什么样的电信号可作为 RC 一阶电路零输入响应、零状态响应和完全响应的激励源？

（2）已知 RC 一阶电路 $R=10\text{k}\Omega$，$C=0.1\mu\text{F}$，试计算时间常数 τ，并根据 τ 值的物理意义，拟定测量 τ 的方案。

实验五　RLC 串联谐振电路

一、实验目的

（1）学习用实验方法绘制 RLC 串联电路的幅频特性曲线。

（2）加深理解电路发生谐振的条件、特点，掌握电路品质因数（电路 Q 值）的物理意义及其测定方法。

二、实验原理

（1）在图 5-1 所示的 RLC 串联电路中，当正弦交流信号源的频率 f 改变时，电路中的感抗、容抗随之而变，电路中的电流也随 f 而变。取电阻 R 上的电压 u_o 作为响应，当输入电压 u_i 的幅值维持不变时，在不同频率的信号激励下，测出 U_o 之值，然后以 f 为横坐标，以 U_o/U_i 为纵坐标（因 U_i 不变，故也可直接以 U_o 为纵坐标），绘出光滑的曲线，此为幅频特性曲线，也称谐振曲线，如图 5-2 所示。

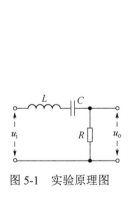

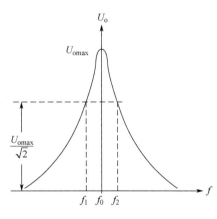

图 5-1　实验原理图　　　　　　　图 5-2　幅频特性曲线

（2）在 $f=f_0=\dfrac{1}{2\pi\sqrt{LC}}$ 处（幅频特性曲线尖峰所在的频率点）称为谐振频率。此时 $X_L=X_C$，电路呈纯阻性，电路阻抗的模为最小。在输入电压 U_i 为定值时，电路中的电流达到最大值，且与输入电压 u_i 同相位。从理论上来讲，此时 $U_i=U_R=U_o$，$U_L=U_C=QU_i$，式中的 Q 称为电路的品质因数。

（3）电路品质因数 Q 值的两种测量方法。

① 根据公式 $Q=\dfrac{U_L}{U_o}=\dfrac{U_C}{U_o}$ 测定，其中 U_C 与 U_L 分别为谐振时电容器 C 和电感线圈 L 上的电压。

② 通过测量谐振曲线的通频带宽度 $\Delta f=f_1-f_2$，再根据 $Q=\dfrac{f_0}{f_2-f_1}$ 求出 Q 值，其中 f_0 为谐振频率，f_2 和 f_1 为失谐时，即输出电压的幅度下降到最大值的 $1/\sqrt{2}$（$=0.707$）时的上、下频率点。Q 值越大，曲线越尖锐，通频带越窄，电路的选择性越好。在恒压源供电时，电路的品质因数、选择性与通频带只取决于电路本身的参数，而与信号源无关。

三、实验设备

实验设备如表 5-1 所示。

表5-1　实验设备

序号	名　　称	型号与规格	数量	备注
1	函数信号发生器	XD-7S	1	
2	交流毫伏表	0～600V	1	
3	双踪示波器	GOS-620	1	
4	谐振电路实验电路板	$R=200\Omega$，$1k\Omega$ $C=0.01\mu F$，$0.1\mu F$ $L\approx30mH$		

四、实验内容

（1）按图 5-3 组成监视、测量电路。用交流毫伏表测电压，用示波器监视信号源输出。令信号源输出电压 $U_i=4V_{PP}$，并保持不变。

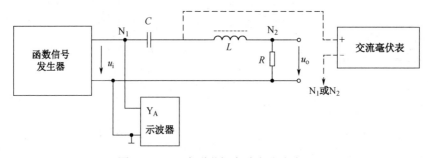

图5-3　RLC 串联谐振实验电路连线图

（2）找出电路的谐振频率 f_0，其方法是：将毫伏表接在 R（200Ω）两端，令信号源的频率由小逐渐变大（注意，要维持信号源的输出幅度不变），当 U_0 的读数为最大时，读得频率计上的频率值即电路的谐振频率 f_0，并测量 U_C 与 U_L 的值（注意，及时更换毫伏表的量限）。

（3）在谐振点两侧，按频率递增或递减 500Hz 或 1kHz，依次各取 5～8 个测量点，逐点

测出 U_o、U_L、U_C 的值，记入表 5-2 中，并计算出对应频率下的电流值。

表 5-2　$R=200\Omega$ 时，U_o、U_L、U_C、I 的测量数据

f/kHz										
U_o/V										
U_L/V										
U_C/V										
I/mA										
$U_i=4V_{PP}$, $C=0.01\mu F$, $R=200\Omega$, $f_0=$_____, $\Delta f=f_2-f_1=$_____, $Q=$_____										

（4）将电阻改为 $R=1k\Omega$，重复步骤（2）、（3）的测量过程，将测量结果记入表 5-3 中。

表 5-3　$R=1k\Omega$ 时，U_o、U_L、U_C、I 的测量数据

f/kHz										
U_o/V										
U_L/V										
U_C/V										
I/mA										
$U_i=4V_{PP}$, $C=0.01\mu F$, $R=1k\Omega$, $f_0=$_____, $\Delta f=f_2-f_1=$_____, $Q=$_____										

（5）选 C_2，重复步骤（2）～（4）（自制表格）。

五、实验注意事项

（1）测试频率点的选择应在靠近谐振频率附近多取几点。在变换频率测试前，应调整信号输出幅度（用示波器监视输出幅度），使其维持在 $U_i=4V_{PP}$。

（2）测量 U_C 和 U_L 数值前，应将毫伏表的量限改大，而且在测量 U_L 与 U_C 时毫伏表的"+"端应接 C 与 L 的公共点，其接地端应分别触及 L 和 C 的近地端 N_2 和 N_1。

（3）在实验中，信号源的外壳应与毫伏表的外壳绝缘（不共地）。若能用浮地式交流毫伏表测量，则效果更佳。

六、预习思考题

（1）根据实验线路板给出的元件参数值，估算电路的谐振频率。

（2）改变电路的哪些参数可以使电路发生谐振，电路中 R 的数值是否影响谐振频率值？

（3）如何判别电路是否发生谐振？测试谐振点的方案有哪些？

（4）要想提高 RLC 串联电路的品质因数，电路参数应如何改变？

（5）本实验在谐振时，对应的 U_L 与 U_C 是否相等？如有差异，原因何在？

实验六　正弦稳态电路综合性实验

一、实验目的

（1）研究正弦稳态交流电路中的电压、电流相量之间的关系。

（2）掌握日光灯电路的接线和测量，掌握有功功率表的应用。

（3）理解并掌握提高电路功率因数的常用正确方法。

二、实验原理

1. 正弦交流电路也满足基尔霍夫定律

在单相正弦交流电路中，用交流电流表测得各支路的电流值，用交流电压表测得回路各元件两端的电压值，它们之间的关系满足相量形式的基尔霍夫定律，即 $\sum I = 0$ 和 $\sum U = 0$。

2. RC 移相原理

图 6-1 所示的 RC 串联电路在正弦稳态信号 $\dot{U}$ 的激励下，$\dot{U}_R$ 与 $\dot{U}_C$ 保持 90° 的相位差，即当 R 阻值改变时，$\dot{U}_R$ 的相量轨迹是一个半圆。

$\dot{U}$、$\dot{U}_C$ 与 $\dot{U}_R$ 三者形成一个直角形的电压三角形，如图 6-2 所示。R 值改变时，可改变 φ 的大小，从而达到移相的目的。

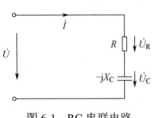

图 6-1　RC 串联电路

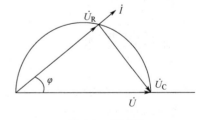

图 6-2　相量图

3. 日光灯电路的工作原理

大多数日光灯电路包括灯管、镇流器和启辉器 3 个器件，它们的连接电路如图 6-3 所示，日光灯工作时，灯管可以认为是电阻性负载；镇流器是铁芯线圈，可以认为是电感很大的感性负载，两种串联构成 RL 串联电路，如图 6-4 所示。

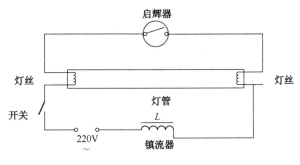

图 6-3　日光灯电路原理图

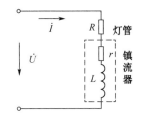

图 6-4　日光灯原理等效电路

　　日光灯的启动过程：刚接通电源时，由于日光灯管不导电，电源电压全部加到启辉器的两条极片之间，启辉器里两极片间的氖气被电离产生辉光放电，使双金属片的动片受热伸长而与定片接触，于是灯管中的灯丝流过较大的电流，灯丝被加热而发射电子，同时启辉器内因极片接触而停止辉光放电，双金属片的动片冷却而与定片分开。在两极片分开瞬间，电感线圈（镇流器）因电路突然断开而产生很高的感应电动势，它与电源电压叠加后作用在灯管两端，使管内水银气体电离发生弧光放电，弧光放电所放射的紫外线使灯管内壁的荧光粉激发，就发出可见光，这时启辉器停止工作。日光灯稳态工作时，整流器起限压限流作用。

　　电路所消耗的有功功率为：$P = UI\cos\varphi$，其中，$\cos\varphi$ 为电路的功率因数，$\cos\varphi = P / UI$，可见，只要测出电路的电压、电流和有功功率的数值，就可求得电路的功率因数。

　　4. 提高功率因数的方法

　　提高感性负载的功率因数，常采用并联适量电容器的方法，使流过电容器电路的无功电流与感性负载中的无功电流分量相互补偿，以减小总电压与总电流之间的相位差，从而达到提高功率因数的目的。

　　提高感性负载的功率因数有很大的经济意义：一方面可以提高电源设备的利用率；另一方面可以减小传输线路的功率损耗，提高电能的传输效率。

　　这里要说明的是，本实验用日光灯模拟 RL 串联电路，由于日光灯管是一个带电感性的电阻元件，它和带铁芯的镇流器都是非线性元件，因此当电路输入正弦交流电压时，电流响应是非正弦的。本实验把它按正弦电路进行测算，会有一定的误差。

三、实验设备

　　实验设备如表 6-1 所示。

表 6-1 实验设备

序号	名称	型号与规格	数量	备注
1	交流电压表	0~500V	1	
2	交流电流表	0~5A	1	
3	功率因数表		1	
4	自耦变压器		1	
5	镇流器、启辉器	与 40W 灯管配用	各 1	
6	日光灯灯管	40W	1	
7	电容器模块	1, 2.2, 3.75, 4.7μF/500V	各 1	
8	白炽灯及灯座	220V，40W	1	
9	电流插座		3	

四、实验内容

1. 日光灯电路接线

按图 6-5 接线，R 为 220V、40W 的白炽灯，电容器为 4.7μF/450V。

经指导教师检查后，接通实验台电源，调节自耦调压器的输出（U）使其输出电压缓慢增大，可观察到当电压大于某一值时，日光灯就启辉点亮，然后将电压维持在 220V，则日光灯正常工作。记录 U、U_R、U_C 的值，验证电压三角形关系，将数据填入表 6-2 中。

表 6-2 U、U_R、U_C 数据记录表

测 量 值			计 算 值		
U/V	U_R/V	U_C/V	U'（与 U_R、U_C 组成直角三角形） （$U'=\sqrt{U_R^2+U_C^2}$）	$\Delta U=U'-U$	$\Delta U/U$

2. 日光灯电路的测量

按图 6-5 接线，经指导教师检查无误后，接通实验台电源，将自耦调压器的输出调至 220V，把功率表、电压表、电流表读数填入表 6-3 中的第一行。注意，在该步骤中不接入电容器，即要保证实验挂箱里电容器均拨到断开的状态。

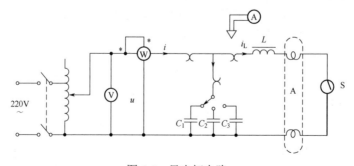

图 6-5 日光灯电路

3. 并联电容器改变电路功率因数

通过一只电流表和三个电流插座分别测得三条支路的电流，改变电容值（在每次改变电容值时，220V 电压须保持不变），进行三次重复测量，数据记入表 6-3 的下面三行中，观察功率因数 $\cos\varphi$ 的变化。

注：表中 C_0 为功率因数最大时的电容值。

表 6-3　日光灯电路参数及并联电容电路参数测量

电容值	测 量 数 值					
$C/\mu F$	P/W	$\cos\varphi$	U/V	I/A	I_L/A	I_C/A
$C=0$						
$C=1$						
$C_0=2$						
$C=8$						

五、实验注意事项

（1）本实验用工频交流电 220V，务必注意用电和人身安全。

（2）功率表要正确接入电路。

（3）在线路接线正确，但日光灯不能启辉时，应检查启辉器及其接触是否良好。

六、预习思考题

（1）在日常生活中，当日光灯上缺少了启辉器时，人们常用一根导线将启辉器的两端短接一下，然后迅速断开，使日光灯点亮（DGJ-04 实验挂箱上有短接按钮，可用它代替启辉器做实验）；或者用一只启辉器去点亮多只同类型的日光灯，这是为什么？

（2）为了提高电路的功率因数，常在感性负载上并联电容器，此时增加了一条电流支路，试问电路的总电流是增大还是减小？电路上的有功功率有没有改变？

实验七　三相交流电路

一、实验目的

（1）掌握三相负载做星形连接、三角形连接的方法。

（2）验证对称负载做星形、三角形连接时，负载的线电压和相电压及负载的线电流、相电流之间的关系。

（3）理解不对称负载做星形连接时中线的作用。

二、实验原理

1. 三相四线制电源线电压 U_L 和相电压 U_p 的有效值关系为 $U_L = \sqrt{3}\, U_p$

通常三相电源的电压值是指线电压的有效值。一般默认线电压为 380V，相电压为 220V。

2. 三相负载的连接

三相负载可接成星形（又称 Y 接）或三角形（又称 △ 接）。

（1）对称负载。当三相对称负载做 Y 接时，线电压 U_L 是相电压 U_p 的 $\sqrt{3}$ 倍。线电流 I_L 等于相电流 I_p，即 $U_L = \sqrt{3}\, U_p$，$I_L = I_p$。

在这种情况下，流过中线的电流 $I_0 = 0$，所以可以省去中线。

当对称三相负载做 △ 接时，有 $I_L = \sqrt{3}\, I_p$，$U_L = U_p$。

（2）不对称负载。不对称三相负载做 Y 接时，必须采用三相四线制接法，而且中线必须牢固连接，以保证三相不对称负载的每相电压等于电源相电压。

倘若中线断开，会导致三相负载电压的不对称，致使负载轻的那一相的相电压过高，使负载遭受损坏；负载重的一相相电压又过低，使负载不能正常工作。尤其是对于三相照明负载，无条件地一律采用 Y_0 接法。

当不对称负载做 △ 接时，$I_L \neq \sqrt{3}\, I_p$，但只要电源的线电压 U_L 对称，加在三相负载上的电压仍是对称的，对各相负载工作没有影响。

三、实验设备

实验设备如表 7-1 所示。

表 7-1 实验设备

序 号	名 称	型号与规格	数 量	备 注
1	交流电压表	0～500V	1	
2	交流电流表	0～5A	1	
3	万用表	VC9801A+	1	
4	三相自耦调压器		1	
5	三相灯组负载	220V，40W 白炽灯	9	
6	电流插座		3	

四、实验内容

1. 三相负载星形连接（三相四线制供电）

按图 7-1 线路组接实验电路，即三相灯组负载经三相自耦调压器接通三相对称电源。将三相调压器的旋柄置于输出为 0V 的位置（逆时针旋到底）。经指导教师检查合格后，方可开启实验台电源，然后调节调压器的输出，使输出的三相线电压为 220V，并按下述内容完成各项实验，分别测量三相负载的线电压、相电压、线电流、相电流、中线电流、电源与负载中点间的电压。将所测得的数据记入表 7-2 中，并观察各相灯组亮暗的变化程度，特别要注意观察中线的作用。

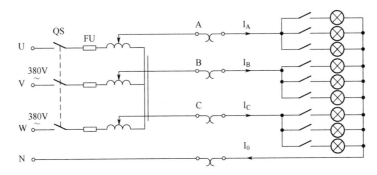

图 7-1 负载星形连接实验电路

表 7-2 负载星形连接实验数据

实验内容（负载情况）	测 量 数 据												
	开 灯 盏 数			线电流/A			线电压/V			相电压/V			中线电流 I_0 /A	中点电压 U_{N0} /V
	A相	B相	C相	I_A	I_B	I_C	U_{AB}	U_{BC}	U_{CA}	U_{A0}	U_{B0}	U_{C0}		
Y_0 接平衡负载	3	3	3											
Y 接平衡负载	3	3	3											
Y_0 接不平衡负载	1	2	3											
Y 接不平衡负载	1	2	3											
Y_0 接 B 相断开	1		3											
Y 接 B 相断开	1		3											

2. 负载三角形连接（三相三线制供电）

按图 7-2 改接线路，经指导教师检查合格后接通三相电源，并调节调压器，使其输出线电压为 220V，并按表 7-3 的内容进行测试。

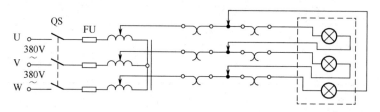

图 7-2 负载三角形连接实验电路

表 7-3 负载三角形连接实验数据

负载情况	测量数据											
	开灯盏数			线电压=相电压/V			线电流/A			相电流/A		
	A-B 相	B-C 相	C-A 相	U_{AB}	U_{BC}	U_{CA}	I_A	I_B	I_C	I_{AB}	I_{BC}	I_{CA}
三相平衡	3	3	3									
三相不平衡	1	2	3									

五、实验注意事项

（1）本实验采用三相交流市电，线电压为 380V，实验时要注意人身安全，不可触及导电部件，防止意外事故发生。

（2）每次接线完毕，同组同学应自查一遍，然后由指导教师检查后，方可接通电源，必须严格遵守先断电、再接线、后通电；先断电、后拆线的实验操作原则。

（3）星形负载做短路实验时，必须首先断开中线，以免发生短路事故。

（4）为避免烧坏灯泡，DGJ-04 实验挂箱内设有过压保护装置。当任一相电压大于 250V 时，即声光报警并跳闸。因此，在做 Y 接不平衡负载或缺相实验时，所加线电压应以最高相电压小于 240V 为宜。

六、预习思考题

（1）三相负载根据什么条件做星形或三角形连接？

（2）复习三相交流电路的有关内容，试分析三相星形连接不对称负载在无中线情况下，当某相负载开路或短路时会出现什么情况，如果接上中线，情况又如何。

（3）本次实验中为什么要通过三相调压器将 380V 的市电线电压降为 220V 的线电压使用？

实验报告1
——电路元件伏安特性的测绘

班级_____   姓名_____   同组人_____

一、填空题

1．一般认为普通的电阻是_____元件，白炽灯属于_____元件，二极管是_____元件，稳压二极管是_____元件。

2．二极管和稳压二极管电路中都应串联一个限流电阻的原因是_____。

3．稳压二极管应工作在_____区域。

4．流过一个理想电压源的电流由_____决定。

5．理想电流源输出恒定的电流，其输出电压由_____决定。

二、计算题

1．电路如图 1 所示，已知 u_i=5sinωt (V)，二极管导通电压 U_D=0.7V。试画出 u_i 与 u_o 的波形，并标出幅值。

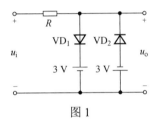

图 1

2．电路如图 2（a）所示，其输入电压 u_{I1} 和 u_{I2} 的波形如图 2（b）所示，二极管导通电压 U_D=0.7V。试画出输出电压 u_O 的波形，并标出幅值。

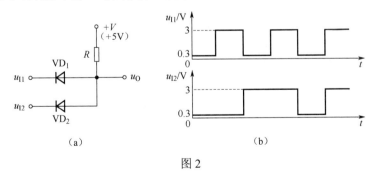

（a）   （b）

图 2

3．已知图 3 所示电路中稳压管的稳定电压 U_Z=6V，最小稳定电流 I_{Zmin}=5mA，最大稳定电流 I_{Zmax}=25mA。

（1）分别计算 U_I 为 10V、15V、35V 三种情况下输出电压 U_O 的值。

（2）若 U_I=35V 时负载开路，则会出现什么现象？为什么？

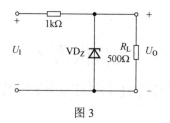

图 3

三、实验数据处理

1. 将实验数据填入表 1～表 6 中。

表 1　线性电阻伏安特性测量数据

U_R/V	0	2	4	6	8	10
I/mA						

表 2　白炽灯泡伏安特性测量数据

U_L/V	0.1	0.5	1	2	3	4	5
I/mA							

表 3　二极管正向特性实验数据

U_{D+}/V	0.10	0.30	0.50	0.55	0.60	0.65	0.70	0.75
I/mA								

表 4　二极管反向特性实验数据

U_{D-}/V	0	−5	−10	−15	−20	−25	−30
I/mA							

表 5　稳压二极管正向特性测量数据

U_{Z+}/V	0.10	0.30	0.50	0.55	0.60	0.65	0.70	0.75
I/mA								

表 6　稳压二极管反向特性测量数据

U_O/V	0	−1	−2	−2.5	−3	−3.4	−3.7	−4
U_{Z-}/V								
I/mA								

2. 根据实验数据，绘制各实验元件的伏安特性曲线。

3. 对实验数据进行误差分析。

实验报告 2
——基尔霍夫定律和叠加定理的验证

班级_____   姓名_____   同组人_____

一、填空选择题

1. 电路如图 1 所示，其中 $I_1 =$ _____A，$I_2 =$ _____A。

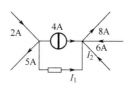

图 1

2. 在如图 2 所示的直流电路中，电流 I 等于_____。

    A. $I = \dfrac{U_S - U_1}{R_2}$ B. $I = \dfrac{U_1}{R_1}$ C. $I = \dfrac{U_S}{R_2} - \dfrac{U_1}{R_1}$ D. $I = \dfrac{U_S - U_1}{R_2} - \dfrac{U_1}{R_1}$

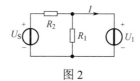

图 2

3. 电路如图 3 所示，若 R、U_S、I_S 均大于零，则电路的功率情况为_____。

    A. 电阻吸收功率，电压源与电流源供出功率

    B. 电阻与电流源吸收功率，电压源供出功率

    C. 电阻与电压源吸收功率，电流源供出功率

    D. 电阻吸收功率，供出功率无法确定

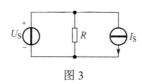

图 3

4. 图 4 所示的电路中，6V 电压源单独作用时产生的电流 I 的分量为_____A。

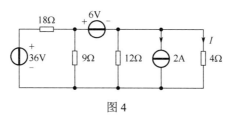

图 4

5．图 5 所示的电路中，12A 电流源单独作用于电路时产生的电流 I 的分量为_____A。

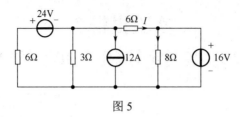

图 5

6．用叠加定理求图 6 所示电路中的支路电流 I：电压源 U_{S1} 单独作用时 I' 为____A；电压源 U_{S2} 单独作用时 I'' 为____A，从而可得 I 为_____A。

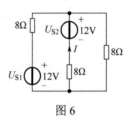

图 6

二、实验数据处理

1．将实验数据填入表 1～表 2 中，根据实验数据，进行分析、比较，并归纳、总结实验结论，即验证线性电路的叠加性与齐次性。

表 1　基尔霍夫定律验证测量值

被测量	I_1/mA	I_2/mA	I_3/mA	U_1/V	U_2/V	U_{FA}/V	U_{AB}/V	U_{AD}/V	U_{CD}/V	U_{DE}/V
计算值										
测量值										
相对误差										

表 2　U_1、U_2 单独作用/共同作用时的测量数据

实验内容	测 量 项 目									
	U_1/V	U_2/V	I_1/mA	I_2/mA	I_3/mA	U_{AB}/V	U_{CD}/V	U_{AD}/V	U_{DE}/V	U_{FA}/V
U_1 单独作用										
U_2 单独作用										
U_1、U_2 共同作用										
$2U_2$ 单独作用										

2．各电阻器所消耗的功率能否用叠加定理计算得出？试用所得实验数据，进行计算并给出结论。

实验报告 3
——戴维宁定理和诺顿定理的验证

班级_____   姓名_____   同组人_____

一、填空题

1. 电路如图 1 所示，若电压源供出功率 12W，则电阻 $R =$ _____ Ω，所吸收的功率为_____W。

2. 图 2 所示的电路中，开关 S 打开时，R_{ab} 为_____ Ω，S 闭合时，R_{ab} 为_____ Ω。

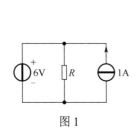

图 1

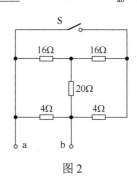

图 2

3. 图 3 所示电路中的 U 应为_____V。

4. 图 4 网络 ab 端口戴维宁等效电路的参数为 $U_{OC} =$ _____，$R_0 =$ _____。

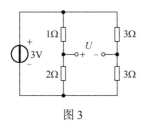

图 3

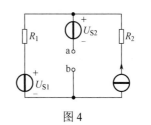

图 4

二、计算题

1. 求图 5 所示戴维宁等效电压源的电动势 E。

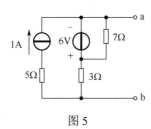

图 5

2．计算图 6 中的电流 I。

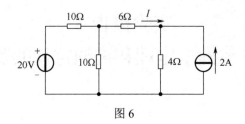

图 6

三、实验数据处理

1．将实验数据填入表 1～表 3 中，根据数据绘制本实验的有源二端网络，验证戴维宁定理和诺顿定理，并分析产生误差的原因。

表 1　负载实验测量数据

R_L/Ω	0	200	400	600	800	1k	1.2k	1.4k	∞
U/V									
I/mA									

表 2　戴维宁等效电路测量数据

R_L/Ω	0	200	400	600	800	1k	1.2k	1.4k	∞
U/V									
I/mA									

表 3　诺顿等效电路测量数据

R_L/Ω	0	200	400	600	700	800	1k	1.2k	1.4k	∞
U/V										
I/mA										

2．将实验测得的 U_{oc}、R_o 与预习时电路计算的结果做比较，做误差计算并分析产生误差的主要原因。

实验报告 4
——RC 一阶电路的响应

班级_____   姓名_____   同组人_____

一、填空题

1．在直流电路中，稳态时电感元件可看作_____，电容元件可看作_____。

2．动态电路在没有外加电压激励时，仅由电路初始储能发生的响应称为_____。

3．换路瞬间，当电容电流为有限值时，_____不能跃变；当电感电压为有限值时，_____不能跃变。

4．电路的充电时间常数 τ 越大，电路达到稳态的速度_____。

5．在一阶动态电路的换路瞬间，若电容电流、电感电压均为有限值，换路定则只适用于_____时刻的电容电压和电感电流。

6．流过电容的电流与_____成正比。

7．电路如图 1 所示，图中电容电压 $u_{C1}(0)=1\text{V}$，$u_{C2}(0)=3\text{V}$，则稳态值 $u_{C1}(\infty)=u_{C2}(\infty)=$_____V。

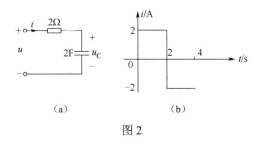

图 1

二、简答题

图 2 所示电路中，已知 $i(t)$ 的波形如图 2（b）所示，$u_C(0)=0$。试画出 $u(t)$ 在 $0<t<4\text{s}$ 期间的波形。

（a）   （b）

图 2

三、实验题

1．完成表 1～表 4 的各项测试内容。

表 1   充电时间和电压的数据记录表

t/s	0	5	10	20	30	40	50	60	70	80	90	100
u_C/V												

表 2　充电时间和电流的数据记录表

t/s	0	5	10	20	30	40	50	60	70	80	90	100
$i/\mu\text{A}$												

表 3　放电时间和电压的数据记录表

t/s	0	5	10	20	30	40	50	60	70	80	90	100
u_{C}/V												

表 4　放电时间和电流的数据记录表

t/s	0	5	10	20	30	40	50	60	70	80	90	100
$i/\mu\text{A}$												

2．根据实验观测结果，绘出 RC 一阶电路充放电时 u_{C} 和 i 的变化曲线，由曲线测得 τ 值，并与 τ 的计算值进行比较。

3．根据实验观测结果，归纳、总结积分电路和微分电路的形成条件，以及它们在周期性矩形脉冲的激励下输出信号波形的变化规律。

实验报告 5
——RLC 串联谐振电路

班级_____   姓名_____   同组人_____

一、实验数据处理

1. 完成表 1～表 2 的各项测试内容。

表 1 $R=200\Omega$ 时，U_O、U_L、U_C、I 的测量数据

f/kHz															
U_O/V															
U_L/V															
U_C/V															
I/mA															

$U_i=4V_{PP}$, $C=0.01\mu F$, $R=200\Omega$, $f_0=$_____, $\Delta f=f_2-f_1=$_____, $Q=$_____

表 2 $R=1k\Omega$ 时，U_O、U_L、U_C、I 的测量数据

f/kHz															
U_O/V															
U_L/V															
U_C/V															
I/mA															

$U_i=4V_{PP}$, $C=0.01\mu F$, $R=1k\Omega$, $f_0=$_____, $\Delta f=f_2-f_1=$_____, $Q=$_____

2. 根据测量数据，绘出不同 Q 值时三条幅频特性曲线，即

$$U_O=f(f)，\quad U_L=f(f)，\quad U_C=f(f)$$

二、计算题

计算出通频带与 Q 值，说明不同 R 值对电路通频带与品质因数的影响。

三、简答题

1. 谐振时，输出电压 U_o 与输入电压 U_i 是否相等？试分析原因。

2. 通过本次实验，总结、归纳串联谐振电路的特性。

实验报告6
——正弦稳态电路综合性实验

班级＿＿＿＿＿　　　姓名＿＿＿＿＿　　　同组人＿＿＿＿＿

一、简答题

1．已知正弦量 $i = 12\sqrt{2}\sin(\omega t - 36°)\text{A}$，试写出它的有效值相量的 4 种形式。

2．讨论改善电路功率因数的意义和方法。

3．提高线路功率因数为什么只采用并联电容器法，而不用串联法？用实验数据说明所并联的电容器的电容量是否越大越好。

二、选择题（单选）

1．有一正弦电流，其初相位 $\varphi = 30°$，初始值 $i_0 = 10\text{A}$，则该电流的幅值 I_m 为（　　　）。

    A．$10\sqrt{2}\text{A}$　　　　B．20A　　　　C．10A

2．在电感元件的交流电路中，已知 $u = \sqrt{2}U\sin\omega t$，则（　　　）。

    A．$\dot{I} = \dfrac{\dot{U}}{j\omega L}$　　　　B．$\dot{I} = j\dfrac{\dot{U}}{\omega L}$　　　　C．$\dot{I} = j\omega L\dot{U}$

3. 在图 1 中，$u = 20\sin(\omega t + 90°)\text{V}$，则 i 等于（　　）。

    A．$4\sin(\omega t + 90°)\text{A}$ B．$4\sin\omega t\text{A}$

    C．$4\sqrt{2}\sin(\omega t + 90°)\text{A}$

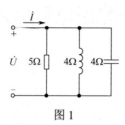

图 1

三、实验数据处理

1. 完成表 1～表 2 的测试内容。

表 1　U、U_R、U_C 数据记录表

测　量　值			计　算　值		
U/V	U_R/V	U_C/V	U'（与 U_R，U_C 组成直角三角形） （$U' = \sqrt{U_R^2 + U_C^2}$）	$\Delta U = U' - U$	$\Delta U/U$

表 2　日光灯电路参数及并联电容电路参数测量

电容值	测　量　数　值						计　算　值	
$C/\mu\text{F}$	P/W	$\cos\varphi$	U/V	I/A	I_L/A	I_C/A	I'/A	$\cos\varphi$
$C=0$								
$C=1$								
$C_0=2$								
$C=8$								

2. 根据实验数据，分别绘出 $\cos\varphi = f(C)$ 和 $I = f(C)$ 的曲线。

实验报告7
——三相交流电路

班级_____ 姓名_____ 同组人_____

一、填空题

1. 对称三相电路中，负载为三角形连接时，线电压 U_L 与相电压 U_p 的关系是_____，线电流 I_L 与相电流 I_p 的关系是_____，线电流超前相电流_____。

2. 对称三相电路中，负载为星形连接时，线电压 U_L 与相电压 U_p 的关系是_____；线电流 I_L 与相电流 I_p 的关系是_____，线电压____相电压30°。

3. 三相四线制交流电路中，中线的作用是_____。

4. 三相稳态电路对称的条件是_____。

5. 正弦波 $4\sin(15t+30°)$ 的振幅为_____，有效值为_____；正弦波 $6\sin 2t \cos 2t$ 的振幅为_____，有效值为_____。

6. 某正弦电流完成一周变化需时1ms，则该电流的频率为_____，角频率为_____。

7. 已知正弦电压 $u=100\sin(628t-30°)$ V，则该正弦电压的振幅 $U_m=$_____，有效值 $U=$_____，角频率 $\omega=$_____，周期 $T=$_____，初相角 $\varphi_u=$_____。

8. 已知正弦电压 $u=100\sin(314t+30°)$ V，则对应的振幅相量 $\dot{U}_m=$_____，有效值相量 $\dot{U}=$_____（振幅相量以 $\sin\omega t$ 为 $1\angle 0°$）。

二、实验数据处理

1. 完成表1～表2所示的测试内容，根据实验测得的数据验证对称三相电路中的 $\sqrt{3}$ 关系。

表1 负载星形连接实验数据

实验内容（负载情况）	开灯盏数			线电流/A			线电压/V			相电压/V			中线电流 I_0/A	中点电压 U_{N0}/V
	A相	B相	C相	I_A	I_B	I_C	U_{AB}	U_{BC}	U_{CA}	U_{A0}	U_{B0}	U_{C0}		
Y_0 接平衡负载	3	3	3											
Y 接平衡负载	3	3	3											
Y_0 接不平衡负载	1	2	3											
Y 接不平衡负载	1	2	3											
Y_0 接 B 相断开	1		3											
Y 接 B 相断开	1		3											

表 2　负载三角形连接实验数据

负载情况	测量数据											
	开灯盏数			线电压=相电压/V			线电流/A			相电流/A		
	A-B 相	B-C 相	C-A 相	U_{AB}	U_{BC}	U_{CA}	I_A	I_B	I_C	I_{AB}	I_{BC}	I_{CA}
三相平衡	3	3	3									
三相不平衡	1	2	3									

2．根据实验数据和观察到的现象，分析三相电路不对称负载星形连接时中线的作用。

3．根据实验结果，说明本应三角形连接的负载，若误接成星形，会产生什么后果；本应星形连接的负载，若误接成三角形，又会产生什么后果。

电动机及其控制部分

实验八　三相异步电动机的控制实验

一、实验目的

（1）熟悉和掌握实验电动机及仪器设备等组件的使用方法。

（2）学习三相异步电动机定子绕组首末端的判别方法。

（3）通过实验掌握异步电动机的启动和反转。

二、实验原理

1. 测量三相鼠笼式异步电动机的定子绕组的冷态电阻

将电动机在室内放置一段时间，用温度计测量电动机绕组端部或铁芯的温度。当所测温度与冷却介质温度之差不超过 2K 时，为实际冷态，记录此时的温度；调节通过定子绕组的直流电流，测量定子绕组两端的直流电压，得到直流电阻，此阻值为冷态直流电阻。

2. 判定三相鼠笼式异步电动机定子绕组的首末端

将任意两相绕组中两个线头连接起来，构成两相绕组的串联。在两相绕组顺串（首尾相连）时，总磁场是增强的，等效电感较大。当加上交流电压时，在第三相绕组中产生的感应电动势也较大，这就使电压高时指针偏转较明显。两相绕组反串（首首或尾尾）相连时，由于电动机的三相绕组结构对称且阻抗相等，等效电感很小，几乎为零，没有感应电动势产生，电压表中不会有读数。

3. 三相鼠笼式异步电动机的直接启动

直接启动时，定子绕组接成三角形全压运行。

4. 三相鼠笼式异步电动机的星形-三角形（Y-△）换接启动

星形-三角形（Y-△）换接启动是指电动机启动时，把定子绕组接成星形，以降低启动电压，减小启动电流；待电动机启动后，再把定子绕组改接成三角形，使电动机全压运行。

三、实验设备

实验设备如表 8-1 所示。

表 8-1　实验设备

序　号	型　号	名　称	数　量
1	DD03	导轨、测速发电机及转速表	1 件
2	DJ16	三相鼠笼式异步电动机	1 件
3	D31	直流电压、毫安、安培表	1 件
4	D32	交流电流表	1 件
5	D33	交流电压表	1 件
6	D51	波形测试及开关板	1 件

四、实验内容及方法

1. 测量三相鼠笼式异步电动机定子绕组的冷态电阻

测量线路如图 8-1 所示。直流电源用主控屏上电枢电源先调到 50V。开关 S_1、S_2 选用挂箱上的模块，R 用挂箱上 1800Ω 可调电阻。

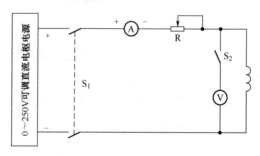

图 8-1　三相交流绕组电阻测定

量程的选择：测量时通过的测量电流应小于额定电流的 20%，约为 50mA，因而直流电流表的量程用 200mA 挡。三相鼠笼式异步电动机定子一相绕组的电阻约为 50Ω，因为当流过的电流为 50mA 时二端电压约为 2.5V，所以直流电压表量程用 20V 挡。

按图 8-1 接线。把 R 调至最大位置，合上开关 S_1，调节直流电源及 R 阻值使实验电流不超过电动机额定电流的 20%，以防因实验电流过大而引起绕组的温度上升，读取电流值，再接通开关 S_2 读取电压值。读完后，先打开开关 S_2，再打开开关 S_1。

调节 R 使 A 表分别为 50mA、40mA、30mA 测取三次，取其平均值，测量定子三相绕组的电阻值，记录于表 8-2 中。

表 8-2　定子三相绕组的电阻值　　　　　　　　　　　　　室温_____℃

	绕组 I			绕组 II			绕组 III		
I/mA									
U/V									
R/Ω									

注意事项：

（1）在测量时，电动机的转子须静止不动。

（2）测量通电时间不应超过 1min。

2. 判定定子绕组的首末端

将三相绕组的任意两相绕组串联，如图 8-2 所示。将控制屏左侧调压器旋钮调至零位，开启电源总开关，按下"开"按钮，接通交流电源。调节调压旋钮，并在绕组端施以单相低电压 U=80～100V，注意电流不应超过额定值，测出第三相绕组的电压，若测得的电压值有一定读数，表示两相绕组的末端与首端相连，如图 8-2（a）所示。反之，若测得的电压近似为零，则两相绕组的末端与末端（或首端与首端）相连，如图 8-2（b）所示。用同样的方法测出第三相绕组的首末端。

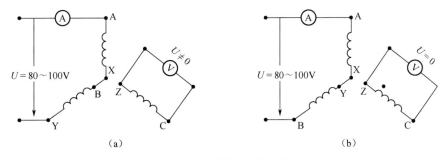

（a）　　　　　　　　　　　　　　（b）

图 8-2　三相交流绕组首末端测定

3. 三相鼠笼式异步电动机直接启动实验

（1）按图 8-3 接线。电动机绕组为△接法。异步电动机直接与测速发电机同轴连接，不连接负载电动机。

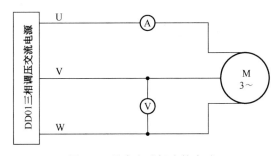

图 8-3　异步电动机直接启动

（2）把交流调压器退到零位，开启电源总开关，按下"开"按钮，接通三相交流电源。

（3）调节调压器，使输出电压达到电动机额定电压 220V，使电动机起动旋转（如果电动机旋转方向不符合要求需调整相序时，必须按下"关"按钮，切断三相交流电源）。

（4）再按下"关"按钮，断开三相交流电源，待电动机停止旋转后，按下"开"按钮，接通三相交流电源，使电动机全压启动，观察电动机启动瞬间电流值（按指针式电流表偏转的最大位置所对应的读数值定性计量）。启动时启动电流 I_{st}=_____。

4. 星形-三角形（Y-△）启动实验

（1）按图 8-4 接线。线接好后把调压器退到零位。

（2）三刀双掷开关合向右边（Y 接法）。合上电源开关，逐渐调节调压器使升压至电动机额定电压 220V，打开电源开关，待电动机停转。

（3）合上电源开关，观察启动瞬间电流，然后把开关 S 合向左边，使电动机（△）正常运行，整个启动过程结束。观察启动瞬间启动电流 I_{st}=_____。

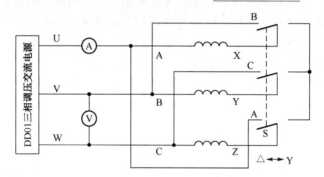

图 8-4　三相鼠笼式异步电动机星形-三角形启动

5. 三相鼠笼式异步电动机的反转

异步电动机的旋转方向取决于三相电源接入定子绕组时的相序，故只要改变三相电源与定子绕组连接的相序即可使电动机改变旋转方向。

五、实验预习要求

（1）复习电动机正/反转控制线路的工作原理，理解继电接触器控制电路"自锁""互锁"等基本环节的构成和所起的作用。

（2）在电动机正/反转控制线路中，为什么必须保证两个接触器不能同时工作？采用什么方法可以解决此问题？

六、实验报告要求

（1）完成表 8-2 的实验测试内容。

（2）三相鼠笼式异步电动机直接启动实验中，启动时启动电流 I_{st}=_____，星形-三角形（Y-△）启动实验中，启动瞬间启动电流 I_{st}=_____。直接启动与星形-三角形（Y-△）启动瞬间启动电流的关系是_____。比较两种启动方法的优缺点。

（3）根据实验操作结果，说明电动机正/反转控制电路中"自锁""互锁"环节所起的作用。

（4）实验中是否出现不正常情况？你是如何纠正的？谈谈本次实验的体会。

模拟电子技术部分

实验九　常用电子仪器仪表的使用

在模拟电子技术实验中，常用的电子仪器仪表主要有双踪示波器、低频信号发生器、低频交流毫伏表、直流稳压电源、数字万用表等。这些仪器仪表的主要用途以及与实验电路的联系如图 9-1 所示。

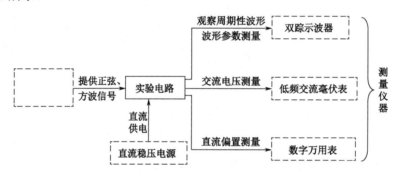

图 9-1　各仪器仪表与实验电路的联系示意图

一、实验目的

（1）初步了解常用电子仪器的功能与使用方法。
（2）掌握用示波器获取稳定波形并测量有关参数的方法。
（3）会用数字万用表测试晶体二极管、三极管。

二、实验设备

实验设备如表 9-1 所示。

表 9-1　实验设备

序　号	名　　称	型号与规格	数　量	备　注
1	函数信号发生器	SDG1062X	1	
2	双踪示波器	SDS1202X-E	1	
3	数字万用表	SDM3055X-E	1	
4	直流稳压电源	SPD3303X-E	1	+12V 电源
5	模拟电子技术实验箱	SDUST-CEE-AE	1	

三、实验内容及步骤

1. 用交流毫伏表测量低频信号发生器输出的正弦信号电压

将函数信号发生器（或称信号源）的输出端接至交流毫伏表输入端（注意，**两仪器必须 "共地"**）。将信号源波形选择"正弦"，频率调为"1kHz"，$V_{S(PP)}$（峰-峰值）为 10V 左右。然后，将毫伏表量程由最大挡位 30V 逐级切换为 10V 挡，读出毫伏表读数 V_x。

操作信号源依次输出 $V_{S(PP)}$（峰-峰值）1V、0.1V、10mV，并相应调整毫伏表量程。分别记录毫伏表读数，结果填入表 9-2 中。

表 9-2　正弦信号电压

峰-峰值 $V_{S(PP)}$	10V	1V	0.1V	10mV
有效值 V_x				

2. 用示波器观察波形

将示波器"CH1"端接信号源输出端（**两仪器必须"共地"**），学习双踪示波器观察波形的方法，调节"垂直控制""水平控制"及"自动测量"等旋钮，使显示屏上得到稳定的正弦波。

保持信号源 V_x=4V，依次改变 f_S 为 100Hz、1kHz、10kHz、100kHz，并适当调整示波器"X（水平）轴"扫描速度，观察并记录所测波形。

3. 用示波器测量波形的周期和幅度

将频率为 1kHz、幅度为 1~5V 的正弦信号送入示波器输入端。调整示波器水平时基旋钮，此时，"T/cm"的指示值即屏幕上横向每格（1cm）代表的时间，再观察被测波形一个周期在屏幕水平轴上占据的格数，即可得到信号周期 T_ω：

$$T_\omega = T/cm \times 格数$$

调节示波器"垂直控制"的旋钮"V/cm"，使屏幕上的波形高度适中，此时，"V/cm"的指示值即屏幕上纵向每格代表的电压值，再观察波形的高度（峰-峰）在屏幕纵轴上占据的格数，即可得到信号幅度 $V_{(峰-峰)}$。

$$V_{(峰-峰)} = V/cm \times 格数$$

$$V_{(有效值)} = \frac{V_{(峰-峰)}}{2\sqrt{2}}$$

注意: 被测信号若经示波器 10:1 探头输入,所测电压值乘 10 倍为实际值。

4. 用数字万用表测试晶体二极管、三极管

(1) 利用数字万用表判别二极管的极性与好坏。

首先,数字万用表置欧姆挡,此时数字万用表的内部等效电路如图 9-2 所示。

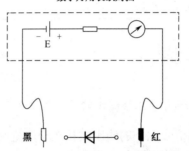

图 9-2　数字万用表测试二极管原理图

将数字万用表的红、黑表笔分别接到二极管两端,测其电阻值,然后红、黑表笔互换连接位置,再次测量二极管的电阻值。若两次测试的电阻值一次很大(二极管反偏),另一次很小(二极管正偏),说明二极管完好,而且阻值小的一次,红表笔接触的一端为二极管的正极。若两次测试的阻值均很大,说明二极管内部开路;而如果两次测试的阻值均很小,就说明二极管内部击穿短路。两种情况均表明二极管已失去单向导电的特性。

(2) 用数字万用表判别晶体三极管的类型和引脚。

① 判别基极 b 和管子类型。可以把晶体三极管的结构看作是两个串接的二极管,如图 9-3 所示。

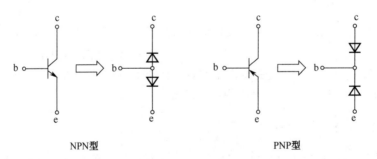

NPN型　　　　　　　　　　　　　PNP型

图 9-3　晶体三极管的结构

由图可见,若分别测试 bc、be、ce 之间的正反向电阻,只有 ce 之间的正反向两个电阻值均很大(ce 之间始终有一个反偏的 PN 结),由此即可确定 c、e 两个电极之外的基极 b。

然后将数字万用表黑表笔接 b 极,红表笔依次接另外两个电极,测得两个电阻值,若两个值均很小,说明是 NPN 管;若两个值均很大,说明是 PNP 管。

② 判别发射极 e 和集电极 c。利用三极管正向电流放大系数比倒置电流放大系数大的原理,可以确定发射极和集电极。

如图 9-4 所示,数字万用表置欧姆挡。若是 NPN 管,则黑表笔接假定 c 极,红表笔接假定 e 极,在 b 极和假定 c 极之间接一个 100kΩ 的电阻(可用人体电阻代替),读出此时数字万用表

上的电阻值，然后作相反的假设，再按图 9-4 连接好，重读电阻值。两组值中阻值小的一次对应的集电极电流 I_c 较大，电流放大系数较大，说明三极管处于正向放大状态，该次的假设是正确的。

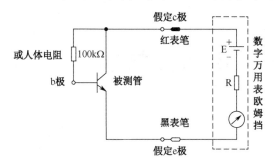

图 9-4　数字万用表测三极管管压降的接线图

对于 PNP 管，应该将红表笔接假定的 c 极，黑表笔接假定的 e 极，其他步骤相同。

四、实验预习要求

（1）认真观看双踪示波器、函数信号发生器以及低频交流毫伏表的使用视频，熟悉其使用方法和有关注意事项。

（2）复习有关二极管、三极管的特性及主要参数等内容。

（3）复习正弦波信号的有效值与峰峰值的关系和信号的频率与周期的关系。

五、实验报告要求

（1）整理实验数据和波形，分析误差原因。

（2）定性绘制实验中每一元件的特性曲线，并标注所记录的重要参数。

实验十　晶体管单级共射放大电路

一、实验目的

（1）熟悉和掌握模拟电路实验箱的使用方法。

（2）掌握放大电路静态工作点的测量调试方法，了解静态工作点对放大电路性能的影响。

（3）掌握放大电路电压放大倍数、输入电阻、输出电阻及最大不失真输出电压的测试方法。

（4）观察 R_p、R_c、R_L 的变化对放大倍数和输出波形的影响。

二、实验原理

图 10-1 所示为分压式偏置稳定静态工作点共射极单管放大实验电路。偏置电路采用 R_{b1} 和（$R_{b2}+R_p$）组成的分压电路，并在发射极中接有电阻，以稳定放大电路的静态工作点。

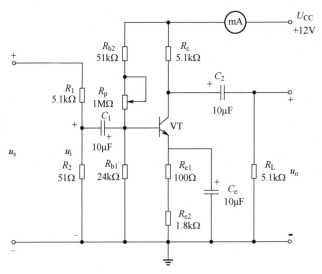

图 10-1　分压式偏置稳定静态工作点共射极单管放大实验电路

实验电路如图 10-1 所示，接入可选件 R_p（1MΩ）并调整，可使电路获得合适的静态工作点。实验电路输入端设置 R_1、R_2 构成的分压器，分压比为

$$\frac{u_\mathrm{s}}{u_\mathrm{i}} = \frac{R_2}{R_1 + R_2} = \frac{0.051\mathrm{k}\Omega}{5.1\mathrm{k}\Omega + 0.051\mathrm{k}\Omega} = \frac{1}{100}$$

其作用是提高信噪比，减小外界干扰信号对电路的影响。

仪器仪表的配置及测试连接关系如图 10-2 所示。

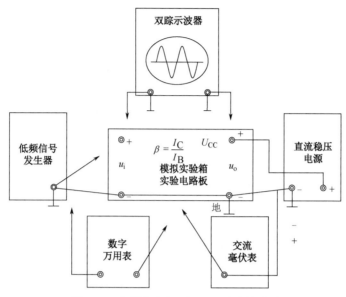

图 10-2　仪器仪表的配置及测试连接关系

注意：所有电子仪器的"接地"与实验板的"地"必须连在一起。

1. 放大电路静态工作点的测量与测试

（1）静态工作点的测量。

测量放大电路的静态工作点，应在输入信号 $u_\mathrm{i}=0$ 的情况下进行，即将放大电路输入端与地端短接，然后选用量程合适的直流毫安表和直流电压表，分别测量晶体管的集电极电流 I_C 以及各电极对地的电压 U_B、U_C 和 U_E。实验中为了避免测量 I_C 时断开集电极，一般采用测量电压 U_E 或 U_C，然后算出 I_C 的方法。

I_C 的计算公式为

$$I_\mathrm{C} = \frac{U_\mathrm{CC} - U_\mathrm{C}}{R_\mathrm{c}} \ \text{或} \ I_\mathrm{C} \approx I_\mathrm{E} = \frac{U_\mathrm{E}}{R_\mathrm{e}}$$

同时由公式分别算出 U_BE 和 U_CE：

$$U_\mathrm{BE} = U_\mathrm{B} - U_\mathrm{E}, \quad U_\mathrm{CE} = U_\mathrm{C} - U_\mathrm{E}$$

（2）静态工作点的调试。

放大电路静态工作点的调试是指对 I_B、I_C、U_CE 的调整与测试。静态工作点是否合适，对放大电路的性能和输出波形都有很大影响。若工作点偏高，放大电路在加入交流信号以后易产生饱和失真，此时 u_o 负半周将被削底，如图 10-3（a）所示；若工作点偏低，则易产生截止失真，即 u_o 正半周被缩顶（一般截止失真不如饱和失真明显），如图 10-3（b）所示。这些情况都不符合不失真放大的要求，都应该对静态工作点进行调整。

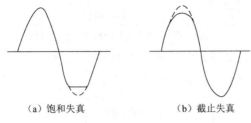

（a）饱和失真　　　　　　　　　（b）截止失真

图 10-3　静态工作点对 U_o 波形失真的影响

改变电路参数 U_{CC}、R_c、R_b（R_{b1}、R_{b2}）都会引起静态工作点的变化，如图 10-4 所示。但通常多采用调节偏置电阻 R_{b2} 的方法来调整静态工作点，如减小 R_{b2}，则可使静态工作点上移等。

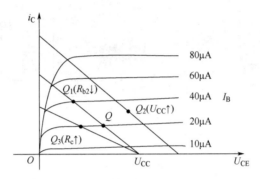

图 10-4　电路参数对静态工作点的影响

上面所说的工作点"偏高"或"偏低"不是绝对的，应该是相对信号的幅度而言，如输入信号幅度很小，即使工作点较高或较低也不一定会出现失真，所以确切地说，产生波形失真是信号幅度与静态工作点设置配合不当所致。如需满足较大信号幅度的要求，最好将静态工作点调至尽量靠近交流负载线在放大区内的中点。

2. 放大电路动态指标的测试

放大电路动态指标包括电压放大倍数、输入电阻、输出电阻、最大不失真输出电压（动态范围）和通频带等。

（1）电压放大倍数 A_u 的测量。

调整放大电路到合适的静态工作点，然后加入输入电压 u_i，在输出电压 u_o 不失真的情况下，用交流毫伏表测出 u_i 和 u_o 的有效值 U_i 和 U_o，则

$$A_u = \frac{U_o}{U_i}$$

（2）输入电阻 r_i 的测量。

为了测量放大电路的输入电阻，按图 10-5（a）所示的电路在被测放大电路的输入端与信号源之间串入一已知电阻 R_s，在放大电路正常工作的情况下，用数字万用表测出 U_s 和 U_i，则根据输入电阻的定义可得

$$r_i = \frac{U_i}{I_i} = \frac{U_i}{\dfrac{U_R}{R_s}} = \frac{U_i}{U_s - U_i} R_s$$

测量时应注意：

①由于电阻 R_s 两端没有电路公共接地点，因此测量 R_s 两端电压 U_R 时必须分别测出 U_S 和 U_i，然后按 $U_R = U_S - U_i$ 求出 U_R 值。

②电阻 R_s 值不宜取得过大或过小，以免产生较大的测量误差，通常取 R_s 与 r_i 为同一数量级为好，本实验可取 $R_s = 5\text{k}\Omega$。

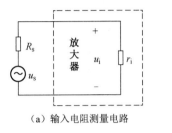 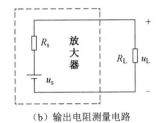

（a）输入电阻测量电路　　　　　　（b）输出电阻测量电路

图 10-5　输入输出电阻测量电路

（3）输出电阻 r_o 的测量。

按图 10-5（b）电路，在放大电路正常工作的条件下，测出输出端不接负载电阻 R_L 的输出电压 U_o 和接入负载电阻 R_L 后的输出电压 U_L，根据

$$U_L = \frac{R_L}{r_o + R_L} U_o$$

即可求出

$$r_o = \left(\frac{U_o}{U_L} - 1 \right) R_L$$

在测试中应注意，必须保持 R_L 接入前后输入信号的大小不变。

（4）最大不失真输出电压 U_{opp} 的测量。

如上所述，为了得到最大动态范围，应将静态工作点调到交流负载线在放大区内的中点。为此在放大电路正常工作的情况下，逐步增大输入信号的幅度，同时调节 R_p（改变静态工作点），用示波器观察 u_o，当输出波形同时出现削底和缩顶现象（图 10-6）时，说明静态工作点已调到交流负载线在放大区内的中点。然后反复调整输入信号，使波形输出幅度最大，且在无明显失真时用交流毫伏表测出 U_o（有效值），则动态范围等于 $2\sqrt{2}U_o$，或用示波器直接读出 U_{opp}。

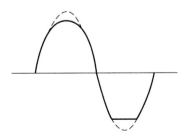

图 10-6　静态工作点失常，输入信号过大引起的失真

三、实验设备

实验设备如表 10-1 所示。

表 10-1 实验设备

序号	名　称	型号与规格	数量	备注
1	函数信号发生器	SDG1062X	1	
2	双踪示波器	SDS1202X-E	1	
3	数字万用表	SDM3055X-E	1	
4	直流稳压电源	SPD3303X-E	1	+12V 电源
5	模拟实验箱	SDUST-CEE-AE	1	

四、实验内容及步骤

实验电路要和所用实验仪器（稳压电源、示波器、信号发生器等）共地。

1. 调试静态工作点

按实验电路图 10-1 所示正确连线，仔细检查，确认无误后，将 R_p 调至最大（顺时针转动），然后接通电源，将数字万用表置直流电压挡，监测晶体管 VT 集电极对地电压，调节 R_p 使 U_C=7～8V，然后测量 U_E、U_{BE}；再将数字万用表置直流电流挡，串接于回路中分别测量 I_B 和 I_C。将上述测量结果记录于表 10-2 中。

表 10-2 静态工作点数据记录表

测　量　值					计　算　值		
U_B/V	U_E/V	U_C/V	I_B/mA	I_C/mA	U_{BE}/V	U_{CE}/V	I_C/mA

2. 测量交流性能指标

（1）电压放大倍数的测量。

保持 R_p 不变，即调好的静态工作点不变，令 R_L=∞，将低频信号发生器的输出端接至 u_i 端。调节信号发生器的幅度和频率，使输入正弦信号 f=1kHz，u_s=u_i=5mV，然后用示波器观察输入、输出波形及相位关系。波形无失真时测量输出电压 u_o'，计算空载时的电压放大倍数：

$$A_u' = \frac{u_o'}{u_i}$$

接上负载（调 R_L=5.1kΩ），重测输出电压 u_o，计算带载时的电压放大倍数：

$$A_u = \frac{u_o}{u_i}$$

（2）观察静态工作点对电压放大倍数的影响。

置 $R_c = 5.1\text{k}\Omega$ ， $R_L = \infty$ ，保持 $U_i = 5\text{mV}$ ，调节 R_p ，用示波器观察如表 10-3 所示 3 种情况下的输出电压 u_o 波形，在 u_o 不失真的条件下，用数字万用表交流电压挡测量 U_o 的值，记入表 10-3 中。

注意：①通过改变 R_p 得到三组不同的 U_C 值，用数字万用表直流电压挡测量 U_C 。测量 U_C 时要将信号发生器的输出按钮关掉。②每改变一次 U_C ，都要重新用数字万用表交流挡测量 U_i 值，微调信号 u_s 的幅度，保证 $U_i = 5\text{mV}$ 。

表 10-3　实验记录表（ $R_c = 5.1\text{k}\Omega$ ， $R_L = \infty$ ， $U_i = 5\text{mV}$ ）

U_C / V	9.0	7.0	5.0
U_o / mV			
A_u			

（3）观察静态工作点对输出波形失真的影响。

置 $R_c = 5.1\text{k}\Omega$ ， $R_L = 5.1\text{k}\Omega$ ，保持 $U_i = 30\text{mV}$ 。调节 R_p ，测出 U_{CE} 的值，使之分别为 $U_{CE} < 0.5\text{V}$ 、 $U_{CE} = 6\text{V}$ 、 $U_{CE} > 10\text{V}$ ，观察并记录 u_o 的波形，描述波形出现失真的情况（失真类型），分析管子的工作状态（截止/放大/饱和），记入表 10-4 中。

表 10-4　数据记录表（ $R_c = 5.1\text{k}\Omega$ ， $R_L = 5.1\text{k}\Omega$ ， $U_i = 30\text{mV}$ ）

U_{CE} / V	U_o 波形	失真情况	管子工作状态
<0.5V			
6V			
>10V			

注意：每次测 U_{CE} 值时都要将信号发生器的输出钮关掉；每改变一次 U_{CE} 值，都要重新用数字万用表交流挡测量 U_i 的值，即微调信号 u_s 的幅度，保证 $U_i = 30\text{mV}$ 。

（4）测量输出电阻 R_o 。

测量放大器输出电阻的原理电路如图 10-5（b）所示，其戴维宁等效电压源 u_o' 即空载时的输出电压，等效内阻 R_o 即放大器的输出电阻。显然

$$R_o = \frac{u_o' - u_o}{I_L} = \frac{u_o' - u_o}{u_o / R_L} = \left(\frac{u_o'}{u_o} - 1\right) R_L$$

（5）测量输入电阻 r_i

测量放大器输入电阻的原理电路如图 10-5（a）所示，由图可见

$$r_i = \frac{u_i}{i_i} = \frac{u_i}{(u_s - u_i) / R_s} = \frac{u_i}{u_s - u_i} R_s$$

其中，电阻 $R_s = 5\text{k}\Omega$ 。本实验中可在实验板上 C_1 之前串入 R_s ，保持 $u_s = 5\text{mV}$ ，并测量 u_i 。

五、实验注意事项

（1）为了使放大电路正常工作，不要忘记接入直流稳压工作电源。

（2）函数信号发生器、示波器、数字万用表、直流稳压电源必须与实验电路共地。

（3）测量静态工作点时，输入端不接入交流信号（可将函数信号发生器的输出按钮关掉），用数字万用表的直流挡测量。测量 U_i、U_s、U_L、U_o 时，要用数字万用表的交流挡测有效值。

六、预习思考题

（1）分压式偏置放大电路的工作原理及电路中各元件的作用。

（2）实验电路中 R_p、R_c 和 R_L 的变化对电压放大倍数和输出波形的影响有哪些？

（3）测量静态工作点应该用什么仪表、什么挡？测量放大器的输入信号和输出信号应该用什么仪表、什么挡？

（4）什么是饱和失真？什么是截止失真？它们的输出波形 u_o 有什么特点？

（5）静态工作点的调试，一般是调节电路中的哪个元件？当出现饱和或截止失真时，该元件的参数应如何调整？

实验十一　多级负反馈放大电路

一、实验目的

（1）进一步熟悉放大电路性能指标的测量方法。
（2）研究负反馈对放大电路性能的影响。

二、实验设备

表 11-1　实验设备

序号	名　　称	型号与规格	数量	备注
1	双踪示波器	SDS1202X-E	1	
2	函数信号发生器	SDG1062X	1	
3	交流毫伏表	SG2172	1	
4	直流稳压源	SPD3303X-E	1	
5	数字万用表	SDM3055X-E	1	
6	模拟电子技术实验箱	SDUST-CEE-AE	1	

三、实验原理

当电压放大倍数用一级电路不能满足要求时，就要采用多级放大电路。多级放大电路由多个单级放大电路组成，它们之间的连接称为耦合。在晶体管小信号放大电路中，阻容耦合用得最多。阻容耦合有隔直作用，所以各级的静态工作点相互独立，调试非常方便，只要按照单级电路的实验分析方法，一级一级地调试就可以了。

负反馈在电子电路中有着广泛的应用，虽然它使放大电路的放大倍数降低，但是能在多方面改善放大电路的性能指标，如稳定放大倍数，改变输入、输出电阻，减小非线性失真和展宽通频带等。因此，几乎所有的实用放大电路都带有负反馈，负反馈放大电路有 4 种反馈组态，即电压串联、电压并联、电流串联、电流并联。

本实验采用图 11-1 所示的电路，是在两级阻容耦合放大电路的基础上引入电压串联负反馈构成的。

61

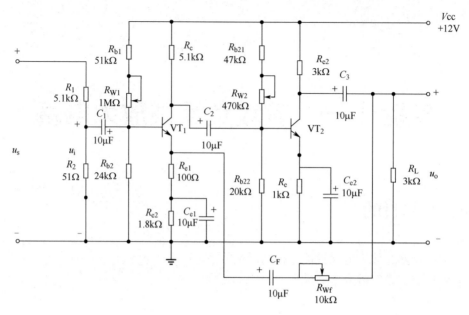

图 11-1 电压串联负反馈

四、实验内容及步骤

1. 静态调试

（1）根据图 11-1 完成实验电路的连接，尤其注意 R_{W1}、R_{W2}、R_{Wf} 分别为 1MΩ、470kΩ、100kΩ电位器。确认接线无误后，接通+12V 电源。

（2）分别调节 R_{W1} 和 R_{W2}，使两管的集电极直流电压 $V_{C1} \approx 6V$，$V_{C2} \approx 7V$。

2. 测量电压放大倍数

调节选接的电位器，使 $R_{Wf} = 5k\Omega$、$R_L = 3k\Omega$。

（1）测开环放大器电压放大倍数 A_u。

输入交流信号 $u_i = 0.5 \sim 1mV$、$f = 1kHz$，用示波器同时观察 u_i 与 u_o 波形，确认输出波形不失真后，按照表 11-2 的要求进行测量并记录有关数据。

（2）测闭环放大器电压放大倍数 A_{uf}。

构成电压串联负反馈放大器闭环连接；令交流输入信号 $u_i = 0.5 \sim 1mV$、$f = 1kHz$，仍按表 11-2 的要求进行测量并记录有关数据。

表 11-2 电压放大倍数

	$R_L/k\Omega$	u_i/mV	u_o 或 u_{of}/mV	A_u 或 A_{uf}
开	∞	0.5~1	$u_o' =$	
环	3	0.5~1	$u_o =$	
闭	∞	0.5~1	$u_{of}' =$	
环	3	0.5~1	$u_{of} =$	

注意： 如发现有寄生振荡，可采用以下措施消除。

① 重新布线，走线尽可能短。

② 可在三极管 b、e 间加几皮法到几百皮法的电容。

③ 信号源与放大器用屏蔽线连接。

注： 理论计算 A_{uf} 时

$$A_{uf} = \frac{A_u}{1 + A_u F_u} \qquad F_u = \frac{R_4}{R_{Wf} + R_f + R_4}$$

3. 测量输出电阻 r_o、r_{of}

（1）开环放大器输出电阻

$$r_o = (\frac{u_o'}{u_o} - 1)R_L$$

（2）闭环放大器输出电阻

$$r_{of} = (\frac{u_{of}'}{u_{of}} - 1)R_L$$

4. 测量输入电阻 r_i、r_{if}

参照实验十输入电阻 r_i 的测量方法，在输入端串入 R_s=5kΩ，调节输入信号 u_s=3mV 左右，分别按实验内容 2 中基本放大器和负反馈放大器接线，并分别测量 u_i 与 u_i'，则

$$r_i = \frac{u_i}{u_s - u_i}R_s , \quad r_{if} = \frac{u_i'}{u_s - u_i'}R_s$$

5. 测量幅频响应中 f_H 与 f_L

按实验内容 2 中基本放大器接线，输入信号 u_i=1mV、f=1kHz，测量输出电压 u_{om}（中频值）。以此为基准，增加信号源频率，使输出电压幅度下降至 $0.7u_{om}$，读取此时的信号频率，即为 f_H；再降低信号源频率，使输出电压下降至 $0.7u_{om}$，此时的信号频率即为 f_L（见表 11-3）。

再将电路按实验内容 2 接成负反馈放大器，重复上述测量过程，可测得 f_{Hf}、f_{Lf}。

表 11-3　测量幅频响应中的 f_H 与 f_L

	f_H/Hz	f_L/Hz
开环		
闭环		

五、预习思考题

（1）带载情况下的电压放大倍数和空载情况下的放大倍数相比，哪个大？为什么？

（2）根据实验电路图，估算基本放大器开环情况下的 A_u、r_i、r_o；并按照深度负反馈条件，估算负反馈放大器的 A_{uf}、r_{if}、r_{of}。

实验十二　电压比较器及其应用

一、实验目的

（1）掌握由集成运算放大器组成的电压比较器和矩形波、三角波、锯齿波等波形发生电路的特点和分析方法。

（2）熟悉比较器、波形发生器的设计方法及其测试方法。

（3）了解集成运算放大器在构成比较器和波形发生器时应注意的一些问题。

二、实验设备

模拟电子实验箱，其他仪器仪表自选。

三、实验原理

电压比较器是集成运算放大器非线性应用电路，它将一个模拟电压信号和一个参考电压相比较，在二者幅度相等的附近，输出电压将产生跃变，相应输出高电平或低电平。比较器可以组成非正弦波形变换电路及应用于模拟和数字信号变换等领域。

图 12-1（a）所示为一个最简单的电压比较器电路图，U_R 为参考电压，加在运算放大器的同相输入端，输入电压 u_i 加在反相输入端。当 $u_i < U_R$ 时，运算放大器输出高电平，稳压管 VD_Z 反向稳压工作，输出端电位被其钳位在稳压管的稳定电压 U_Z，即 $u_o = U_Z$。

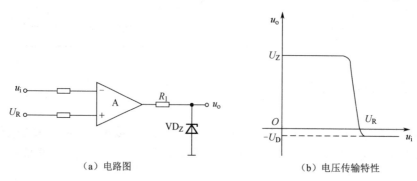

（a）电路图　　　　　　　　　（b）电压传输特性

图 12-1　电压比较器

当 $u_i > U_R$ 时，运算放大器输出低电平，稳压管 VD_Z 正向导通，输出电压等于稳压管的正向压降 U_D，即 $u_o = -U_D$。

因此，以 U_R 为界，当输入电压 u_i 变化时，输出端反映出两种状态：高电位和低电位。表示输出电压与输入电压之间关系的特性曲线，称为电压传输特性。图 12-1（b）为图 12-1（a）所示比较器的电压传输特性。常用的电压比较器有过零比较器、滞回比较器、窗口比较器等。

1. 过零比较器

图 12-2（a）所示为加限幅电路的过零比较器电路图，VD_Z 为限幅稳压管。信号从运算放大器的反相输入端输入，参考电压为零，从同相端输入。当 $u_i > 0$ 时，输出 $u_o = -U_Z$，当 $u_i < 0$ 时，$u_o = +U_Z$。其电压传输特性如图 12-2（b）所示。

过零比较器结构简单，灵敏度高，但抗干扰能力差。

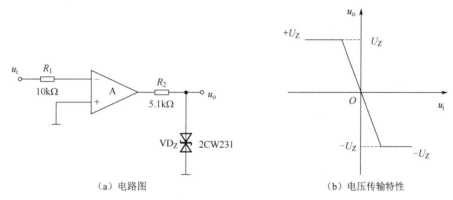

（a）电路图　　　　　　　　　　　（b）电压传输特性

图 12-2　过零比较器

2. 滞回比较器

过零比较器在实际工作时，若 u_i 恰好在过零值附近，则由于零点漂移的存在，u_o 将不断由一个极限值转换到另一个极限值，这在控制系统中对执行机构将是很不利的。因此，要求过零比较器的输出具有滞回特性。如图 12-3（a）所示，从输出端引一个电阻分压正反馈支路到同相输入端，若 u_o 改变状态，Σ 点电位也随着改变，使过零点离开原来的位置。

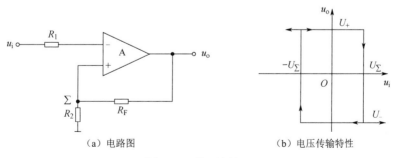

（a）电路图　　　　　　　　　　　（b）电压传输特性

图 12-3　滞回比较器

当 u_o 为正（记作 U_+），$U_\Sigma = \left[R_2 / \left(R_F + R_2 \right) \right] U_+$，则当 $u_i > U_\Sigma$，u_o 即由正跳变为负（记作 U_-），此时 U_Σ 变为 $-U_\Sigma$。故只有当 u_i 下降到 $-U_\Sigma$ 以下，才能使 u_o 再度回升到 U_+，于是出

现如图 12-3（b）所示的滞回特性。U_+ 为正输出，U_- 为负输出；$+U_\Sigma$ 为上门限电压，$-U_\Sigma$ 为下门限电压。U_Σ 与 $-U_\Sigma$ 的差称为回差电压。改变 R_2 的数值可以改变回差电压的大小。

3. 窗口（双限）比较器

简单的比较器仅能鉴别输入电压 u_i 比参考电压 U_R 高或低的情况。窗口比较电路是由两个简单比较器组成的，如图 12-4 所示，它能指示出 u_i 值是否处于两个给定电压 U_R^+ 和 U_R^- 之间。若 $U_R^- < u_i < U_R^+$，则窗口比较器的输出电压 u_o 等于运算放大器的正饱和输出电压 $(+U_{om})$；若 $u_i < U_R^-$ 或 $u_i > U_R^+$，则输出电压 u_o 等于运算放大器的负饱和输出电压 $(-U_{om})$。

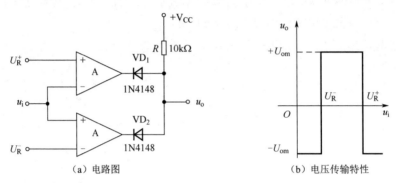

（a）电路图　　　　　　　　　（b）电压传输特性

图 12-4　由两个简单比较器组成的窗口比较器

四、实验内容及要求

1. 反相迟滞电压比较器

当输入信号 u_i 为正弦波时（信号频率、幅值自定），参照图 12-5，估算 U_{T+} 和 U_{T-}。按自拟的实验步骤观察输出波形，测试并记录 U_{T+} 和 U_{T-}。

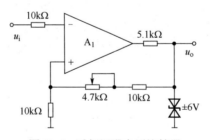

图 12-5　反相迟滞电压比较器

说明： 输出端利用 5.1kΩ 电阻和两个反相串联的稳压管构成限幅电路，可按照实际需要减小比较器的输出电压幅值；同时，避免集成运算放大器内部的晶体管进入深度饱和，有利于提高电压比较器的响应速度。

2. 方波和矩形波（脉冲波）发生器

（1）参照图 12-6，若要产生周期约为 10ms 的矩形波，确定滑动变阻器 R_w 数值；若要求产生方波，应如何调节 R_w。

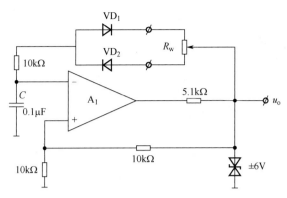

图 12-6　方波和矩形波发生器

（2）按所选 R_w，计算此电路输出矩形波的占空比 q 的变化范围。

（3）按自拟实验步骤，观察输出波形，测试输出矩形波的周期 T（T_1 和 T_2）、幅值 U_m、频率 f 及占空比 q；调节 R_w，测试输出矩形波占空比 q 的变化范围，并将测试值记录在自拟表格中。

*3. 三角波、锯齿波发生器

（1）参照图 12-7，按自拟实验步骤，观察输出三角波波形，测试并记录输出波形的幅值 U_m、周期 T 或频率 f。

（2）参照图 12-7，改动电路接线，设计一频率固定的锯齿波发生器（可利用 VD_1、VD_2、R_w 及 R_x）。自拟实验步骤，观察输出波形，并记录波形的上升时间 T_1、下降时间 T_2、频率 f 和幅值 U_m。

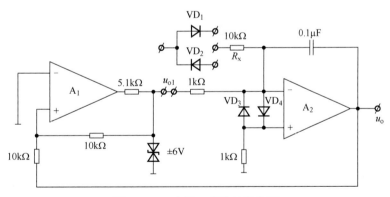

图 12-7　三角波、锯齿波发生器

说明：在图 12-7 所示电路中，集成运算放大器 A_2 的两输入端之间反相并联了两个二极管，是为了防止输入信号过大而损坏集成运算放大器（过电压保护），同时可避免 A_2 内部晶体管进入饱和，从而提高运算放大器的响应速度。此电路输出三角波线性度好，并且调整周期时不会影响输出波形的电压幅值。

五、实验预习要求

（1）复习教材中电压比较器及信号发生电路的基本原理和分析方法。

（2）预先设计各实验内容的接线方案，确定有关元件参数，并完成实验要求中有关理论估算。

（3）自拟测试步骤和测试数据记录表格，制订测试方案并注明所选用的仪器仪表。

实验十三　基于集成运算放大器的基本运算电路

一、实验目的

（1）熟悉集成运算放大器的基本性能，掌握其基本使用方法。
（2）掌握集成运算放大器组成基本运算电路的测试和设计方法。

二、实验原理

集成运算放大器是一种具有高电压放大倍数的直接耦合多级放大电路。当外部接入不同的线性或非线性元器件组成输入和负反馈电路时，可以灵活地实现各种特定的函数关系。在线性应用方面，可组成比例、加法、减法、积分、微分、对数等模拟运算电路。

本实验采用的集成运算放大器型号为 μA741（或 F007），引脚排列如图 13-1 所示。它是8 脚双列直插式组件，2 脚和 3 脚分别为反相和同相输入端，6 脚为输出端，7 脚为+12V 电源端，4 脚为-12V 电源端，8 脚悬空，1 脚和 5 脚是调零端，接调零电位器。本次实验不需要调零，因此 1 脚和 5 脚进行悬空处理。

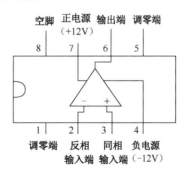

图 13-1　集成运算放大器芯片 μA741 引脚排列图

1. 反相比例运算电路（图 13-2）

对于理想运算放大器，该电路的输出电压与输入电压之间的关系为

$$u_o = -\frac{R_F}{R_1}u_i$$

为了减小输入级偏置电流引起的运算误差，在同相输入端应接入平衡电阻 $R_2 = R_1 // R_F$。

2. 反相加法运算电路（图 13-3）

该电路的输出电压与输入电压之间的关系为

$$u_o = -\left(\frac{R_F}{R_1}u_{i1} + \frac{R_F}{R_2}u_{i2} \right), \quad R_3 = R_1 // R_2 // R_F$$

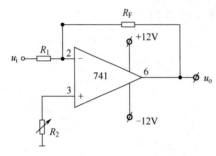 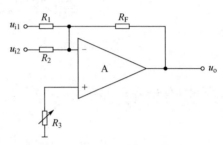

图 13-2　反相比例运算电路　　　　图 13-3　反相加法运算电路

3. 同相比例运算电路［图 13-4（a）］

该电路的输出电压与输入电压之间的关系为

$$u_o = \left(1 + \frac{R_F}{R_1} \right)u_i, \quad R_2 = R_1 // R_F$$

当 $R_1 \to \infty$ 时，$u_o = u_i$，即得到如图 13-4（b）所示的电压跟随器电路。图中 $R_2 = R_F$，用以减小漂移和起保护作用。一般 R_F 取 10kΩ，R_F 太小起不到保护作用，太大则影响跟随性。

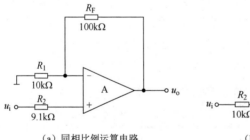 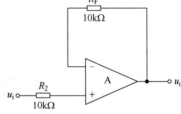

（a）同相比例运算电路　　　　（b）电压跟随器电路

图 13-4　同相比例运算电路

4. 减法运算电路（图 13-5）

对于图 13-5 所示的减法运算电路，当 $R_1 = R_2$，$R_3 = R_F$ 时，有如下关系式。

$$u_o = \frac{R_F}{R_1}(u_{i2} - u_{i1})$$

5. 积分运算电路（图 13-6）

在理想化条件下，输出电压为

$$u_o(t) = -\frac{1}{R_1 C_F} \int_0^t u_i \mathrm{d}t + u_c(0)$$

式中，$u_c(0)$ 是 $t = 0$ 时刻电容 C_F 两端的电压值，即初始值。

如果 $u_i(t)$ 是幅值为 E 的阶跃电压，并设 $u_c(0) = 0$ ，则

$$u_o(t) = -\frac{1}{R_1 C_F} \int_0^t E \mathrm{d}t = -\frac{E}{R_1 C_F} t$$

即输出电压 $u_o(t)$ 随时间增长而线性下降。显然 $R_1 C_F$ 的数值越大，达到给定的 u_o 值所需的时间就越长。积分输出电压所能达到的最大值受集成运算放大器最大输出范围的限制。

在实际应用的积分电路中，常在 C_F 两端并接一个阻值很大的电阻 R_F，利用 R_F 的直流负反馈，减少输出端的直流漂移。

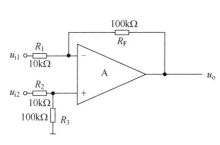

图 13-5　减法运算电路

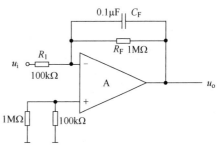

图 13-6　积分运算电路

三、实验设备

实验设备如表 13-1 所示。

表 13-1　实验设备

序　号	名　　称	型号与规格	数　量	备　注
1	函数信号发生器	SDG1062X	1	
2	双踪示波器	SDS1202X-E	1	
3	数字万用表	SDM3055X-E	1	
4	模电实验箱	SDUST-CEE-AE	1	±12V 直流电源
5	集成运算放大器	μA741	1	

四、实验内容

实验前要看清运算放大器组件各引脚的位置；切忌正、负电源极性接反和输出端短路，否则将会损坏集成块。

1. 反相比例运算电路

（1）设计一反相比例运算电路，使 $u_o = -10u_i$，可参考图 13-2 所示电路，接通±12V 电源。

（2）根据图 13-7 可获得-5～+5V 范围内可调的两路直流信号 U_{i1}、U_{i2}。

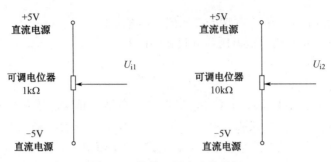

图 13-7　简易可调直流信号源

连接方法：将可调电位器的一端用导线接到+5V 直流电源输出端，另外一端接到-5V 直流电源输出端；可调电位器的中间触点用导线引出，产生直流输入电压 U_{i1}、U_{i2}。调节电位器旋钮，可以得到电压值为-5～5V 连续可调的直流输入电压 U_{i1}、U_{i2}。U_{i1}、U_{i2} 电压值用数字万用表的直流电压挡测量。每次旋动电位器旋钮，都必须重新用数字万用表测量校准所需要的电压值。

（3）将 U_i 通过电阻 R_1 接入电路的反相输入端（2 脚），然后调节电位器，逐渐改变输入电压 U_i，先用数字万用表直流电压挡校准输入电压值，再用数字万用表直流电压挡测量输出电压值，记录输出电压 U_o 于表 13-2。

表 13-2　实验数据记录表

U_i/V	0.5	−0.5	2
U_o/V（测量值）			
U_o/V（计算值）			

2. 同相比例运算电路

按图 13-4（a）连接实验电路，令 R_F=100kΩ，R_1=10kΩ，使得 $u_o =11u_i$，实验步骤同实验内容 1，按图 13-7 简易可调直流信号源，将 U_i 通过电阻 R_2 接入电路的同相输入端（3 脚），然后调节电位器，逐渐改变输入电压 U_i，用数字万用表直流电压挡测量输入、输出电压值，记录输出电压 U_o 于表 13-3。

表 13-3　实验数据记录表

U_i/V	0.5	−1	2
U_o/V（测量值）			
U_o/V（计算值）			

3. 反相加法运算电路

（1）按图 13-3 连接实验电路，令 R_F=100kΩ，R_1=R_2=10kΩ，使得 u_o=-10(u_{i1}+u_{i2})。

（2）按图 13-7 自制简易可调直流信号源，将 U_{i1} 通过电阻 R_1，U_{i2} 通过电阻 R_2 分别接入电路的反相输入端（2 脚）。然后调节 1kΩ、10kΩ 电位器，分别改变输入电压 U_{i1}、U_{i2}，用数字万用表直流电压挡测量输入、输出电压值，记录输出电压 U_o 于表 13-4。注意，同一组输入电压一定要反复调整，直至两个输入电压同时准确时，才测量输出电压 U_o。

表 13-4　实验数据记录表

U_{i1}/V	−2.0	−2.5	0.5
U_{i2}/V	2.5	1.5	−0.5
U_o/V （测量值）			
U_o/V （计算值）			

4. 减法运算电路

（1）按图 13-5 连接实验电路，令 R_F=100kΩ，R_1=R_2=10kΩ，使得 u_o=−10(u_{i2}−u_{i1})。

（2）实验步骤同实验内容 3，输入信号 U_{i1}、U_{i2} 分别通过电阻 R_1、R_2 接入电路的反相输入端（2 脚）和同相输入端（3 脚）。用数字万用表直流电压挡测量输入、输出电压值，将结果记入表 13-5。

表 13-5　实验数据记录表

U_{i1}/V	2.0	−2.5	0.5
U_{i2}/V	2.5	−1.5	−0.5
U_o/V （测量值）			
U_o/V （计算值）			

5. 积分运算电路

实验电路如图 13-6 所示。

（1）在函数发生器设置一个频率为 1kHz、峰-峰值为 2V 的矩形波作为 u_i，接入实验电路的输入端（2 脚）。

（2）用示波器的两个通道同时观测 u_i、u_o 的波形，调整示波器，使在荧屏上显示出易于观察的两个波形，将波形记录于图 13-8。

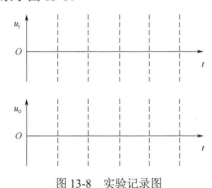

图 13-8　实验记录图

五、实验注意事项

（1）为使放大电路正常工作，不要忘记接入直流稳压工作电源，切不可把正负电源极性接反或输出端短路，否则会损坏集成运算放大器。

（2）函数信号发生器、示波器应与实验电路共地。

六、实验预习要求

（1）复习集成运算放大器及其基本运算电路的工作原理。

（2）熟悉集成运算放大芯片 μA741 的引脚排列及功能。

（3）当运算放大器工作在线性区做基本运算电路时，其最大的输出电压接近何值？

实验十四　双路跟踪直流稳压电源

一、实验目的

（1）加深理解整流、滤波、集成稳压以及分立式串联反馈直流稳压电路的工作原理。

（2）学习使用 Multisim 仿真软件，并根据要求完成双路跟踪稳压电源电路的仿真调试。

（3）掌握集成稳压器及电压基准芯片的典型应用。

（4）掌握双路跟踪直流稳压电源的调试方法和主要性能参数的测量方法。

二、实验设备

表 14-1　实验设备

序　　号	名　　　称	型号与规格	数　　量	备　　注
1	模拟电子技术实验箱	SDUST-CEE-AE	1	
2	综合实验电路板		2	
3	自耦交流调压器	0.5kW	1	
4	滑动变阻器	200Ω/1A	1	
5	其他仪器等自选		若干	

三、实验原理与实验电路

双路跟踪直流稳压电源组成框图如图 14-1 所示。

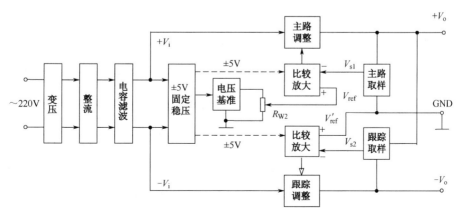

图 14-1　双路跟踪直流稳压电源组成框图

在图 14-1 中，两路电源输出电压取相反极性，正电压输出的一路为主电源，负电压输出的一路则为从路跟踪电源。为了获得绝对值相同、极性相反的两路输出，需设定从路输出负电压在量值上能够跟踪主路正电压的变化。

由图 14-1 可见，主从两路均采用电压串联反馈稳压电路结构。其中主路设有 2.5V 基准电压，经电位器 R_{W2} 分压，可获得 0～2.5V 可调基准电压 V_{ref}。在主路比较放大电路中，**基准电压 V_{ref} 与取样电压 V_{s1} 进行比较**，得到误差反馈信号，从而可控制主路调整管的导通状态，实现正电压稳压输出。

由于主路输出电压取样比 k 设为定值（$k<1$），即 $V_{s1}=kV_o=V_{ref}$，则 $V_o=\frac{1}{k}V_{ref}$，因此调节基准电压 V_{ref}，可以实现对于主路输出电压的调整。

从路负电源中，跟踪取样电路跨接于 $+V_o$ 与 $-V_o$ 之间，设其电压取样比 $k'=0.5$，则跟踪取样电压 $V_{s2}=k'[+V_o-(-V_o)]+(-V_o)$；当 $+V_o=|-V_o|$ 时，$V_{s2}=0$V。

所以，令从路基准电压 $V'_{ref}=0$V，并与 V_{s2} 进行比较，则构成对于从路电源调整管的反馈控制，从而实现从路负电压输出对主路正电压的跟踪，使得两路输出电压的绝对值保持相等。

图 14-2 所示为双路跟踪直流稳压电源原理图。图中，220V 交流电由降压变压器转换为双路 7.5V 交流低压，再由桥式二极管整流器整为直流，经电容滤波后分为两路供电。其中一路送集成三端稳压器 78L05、79L05，为集成运算放大器 TL062 提供±5V 电源；同时，+5V 电源还驱动集成电压基准芯片 LM336（2.5V）。电位器 R_{W1} 用来微调主路基准电压，使 LM336 的输出电压稳定于 2.5V；该电压经电位器 R_{W2} 分压，形成可调基准电压 V_{ref} 并送至集成运放 TL062 构成的主路比较放大器（TL062）的同相输入端。此外，R_5、R_{W3} 和 R_6 组成主路输出取样电路，其分压取样比

$$k=\frac{R_{W3}+R_6}{R_5+R_{W3}+R_6}$$

则取样输出信号电压 $V_{s1}=kV_o$。当输出电压 V_o 出现纹波时，V_{s1} 随之波动，该信号送入主路比较放大器反相输入端，并与基准电压 V_{ref} 进行比较，形成误差反馈信号，从而控制主路电源调整管 VT_1 的导通状态，实现主路正电压输出的稳压。

由于集成运算放大器为闭环线性运用，$V_{s1}=V_{ref}$，故 $V_o=\frac{1}{k}V_{ref}$。显然，输出电压 V_o 可以通过改变基准电压 V_{ref} 的大小进行调节。而电位器 R_{W3} 仅用于微调输出电压范围，$V_{o(max)}$ 整定后，则 R_{W3} 保持不变。

从路负电源中，R_{10}、R_{11} 两等值电阻构成从路跟踪取样电路，使电压取样比 $k'=0.5$。跟踪取样电压 V_{s2} 送入从路比较放大器（TL062）反相输入端；而由于从路比较放大器的同相输入端接地，即从路基准电压 $V'_{ref}=0$V，故 V_{s2} 相对于 V'_{ref} 的任何偏离都将形成反馈误差信号，从而控制从路电源调整管 VT_4 的导通状态，实现从路负电压输出对于主路正电压的动态跟踪。

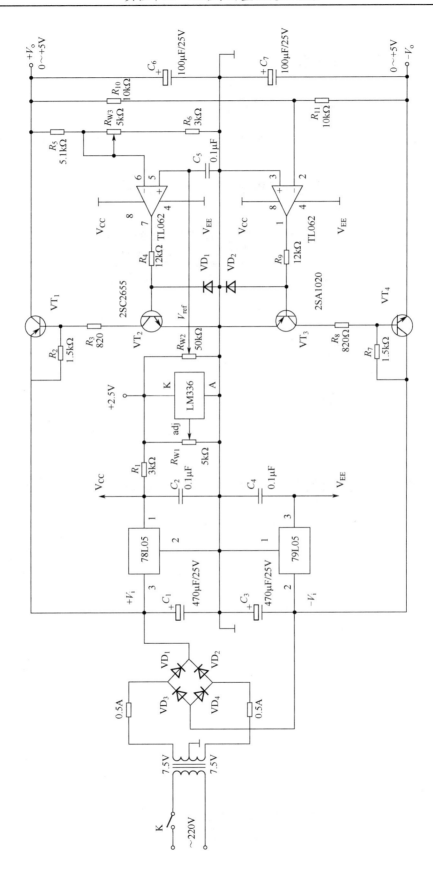

图 14-2　双路跟踪直流稳压电源原理图

四、实验内容与步骤

1. 双路跟踪直流稳压电源电路的仿真调试

（1）执行"开始"→"程序"→"Multisim"命令，进入如图 14-3 所示的 Multisim 设计窗口。

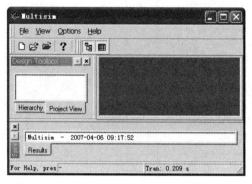

图 14-3　Multisim 设计窗口

（2）由"File"菜单新建一个工程（New Project），设定好工程名称、文件存储和备份路径后，新建一个电路设计（New）则进入如图 14-4 所示的 Multisim 设计界面。由上到下分别为菜单栏、主工具栏、元件工具栏、工程管理窗口、设计图板、虚拟仪器工具栏、设计信息栏和状态栏。

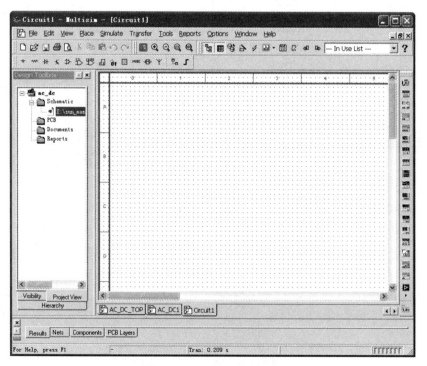

图 14-4　Multisim 设计界面

（3）将图 14-2 所示的整个电源系统划分为两个子电路。参照图 14-5 所示的子电路划分，设计第一个子电路作为底层模块。

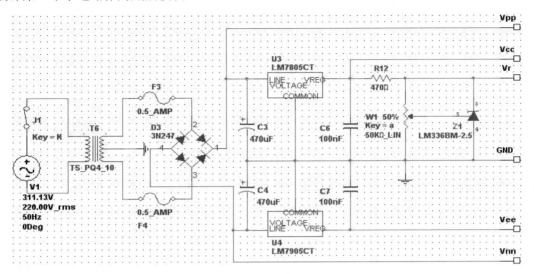

图 14-5 双路跟踪直流稳压电源子电路底层模块设计（AC_DC1 模块）

① 利用 Place→Component 菜单或单击元件工具栏，选择合适的元件类别（Group）和元件（Component），确定选用某元件后，单击"OK"按钮，即可在设计图板上任意位置放置该元件，合理调整布局，并依次放置好 AC_DC1 电路模块中的所有元件。

② 通过 Place→Connectors→HB/HS Connectors 菜单，连续放置 6 个连接端子，再双击各端子，分别设置各端子名称（Label）。

③ 将鼠标指针移动到某元件待连接端子上，当出现黑色小圆点时，按住鼠标左键并拖到需要进行连接的其他元件端子上，当再次出现黑色小圆点后，松开鼠标左键。类似地，依次完成所有元件间的电气连接。

④ 确认图中电路连接无误，设定文件名（此处假设为 AC_DC1）后保存，即完成第一个子电路的设计。

说明：常用元件类别（Group）包括以下元件库。

Basic: 基本元件库，含各种电位器、电容和电感元件。

Diode: 各种二极管。

Transistors: 各种双极型三极管和场效应管。

Source: 电源、信号源和接地。

Analog: 模拟集成元件库，含集成运算放大器等。

Misc: 混合元件库，含集成三端稳压器件（VREG）和基准电压源（VREF）等元件。

（4）新建一个电路文件，设计顶层模块。

① 通过 Place→Hierarchical Block From File 菜单，在由文件生成子模块电路的对话框中，找到刚才保存的设计文件（AC_DC1）并打开，以模块形式调用子电路（见图 14-6 所示的 X1 模块电路）。

② 参照图 14-2 所示的原理电路，AC_DC1 模块以外的剩余部分则划归顶层子电路。按照仿真步骤（3）的操作，将该电路部分所有元件调出，布置到合适位置并完成虚拟电

气连接。

③ 从虚拟仪表中选择调用两个虚拟万用表 XMM1 和 XMM2（设计窗口的右侧仪表栏最上面一个即虚拟万用表），双击激活万用表，选择**直流**、**电压**挡位，并按图 13-6 将虚拟万用表接入。

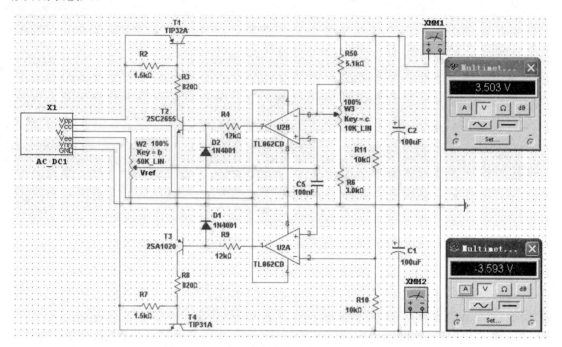

图 14-6　双路跟踪直流稳压电源顶层设计电路

④ 确认图中电路连接无误，设定文件名（假设为 AC_DC2）后保存，即完成顶层子电路的设计。

（5）双路跟踪直流稳压电源仿真调试。

① 由 File 菜单打开 AC_DC1 模块，在 V_{ref} 与 GND 两端子间接入一个虚拟万用表 XMM1，由菜单 Simulate→Run 启动电路仿真，或按 F5 快捷键对 AC_DC1 模块进行仿真；双击打开虚拟万用表，观察其直流电压测量的显示结果。

② 由于键盘中 A 键定义为电位器 R_{W1} 的调整键，按 A 键时，其分压比按设定的百分比步距减小，而利用 Shift+A 组合键时，其分压比按设定的百分比步距增加，因此仿真时微调电位器 R_{W1} 的分压比，可将 LM336 输出电压（V_{ref}）准确地调整为 2.5V。

③ 由菜单 Simulate→Stop 停止该电路的仿真，单击 "Save file" 保存对于 AC_DC1 模块的修改。

④ 由 File 菜单打开 AC_DC2 模块，由菜单 Simulate→Run 启动电路仿真，或按 F5 快捷键进行仿真。

⑤ 将光标分别指向虚拟万用表 XMM1 和 XMM2，并双击打开虚拟万用表，则分别显示两路直流电压测量结果。

⑥ 由于电位器 R_{W2} 的调整键被定义为 B 键，连续按 Shift+B 组合键使 R_{W2} 分压比增加为100%，观察虚拟万用表 XMM1，应达到输出电压的最大值。

⑦ 利用 C 键或 Shift+C 组合键，改变可调电阻 R_{W3} 的阻值微调输出电压，观察虚拟万用

表 XMM1 的显示值，使其准确地调整为+$V_{o(max)}$=+5V（设计值）。然后，观察并记录虚拟万用表 XMM2 的显示值。

⑧ 连续按 B 键，使 R_{W2} 分压比由 100%逐渐调整为 0%，观察 XMM1 和 XMM2 的显示值，并记录两路输出电压的跟踪变化情况。

注意：由于电路仿真需要一定的处理时间，因此调整电位器 R_{W2} 和 R_{W3} 后，需等待一定时间，虚拟万用表方能显示正确的测量结果。

2. 双路跟踪稳压电源电路的实验调试及其主要性能参数测量

（1）整流、滤波及集成三端固定稳压电路。

① 将模拟电子技术实验箱左侧上方的变压器输出端接入实验电路板：变压器中心抽头接地，另外两个 7.5V 端子接二极管整流桥交流输入端；通电后，用万用表分别测量两路交流电压有效值。

② 用示波器分别观察整流桥直流输出侧在开路或端接滤波电容时的输出电压，用万用表分别测量其平均直流电压，并与理论估计值进行比较。

③ 将两路电容滤波输出电压+V_i、−V_i 分别接入 78L05 和 79L05 集成三端稳压器，并分别测量其输出电压。

（2）电压基准电路。

① 调节 R_{W1}，观测 LM336 输出基准电压的可调范围，最终使 V_{ref}=2.5V；然后，保持 R_{W1} 不变。

② 调节 R_{W2}，测量并记录分压输出电压 V_{ref} 的变化范围。

（3）双路跟踪串联稳压电源调试。

① 将两路电容滤波输出电压+V_i、−V_i 分别接双路跟踪串联稳压电源调整管发射极，调节 R_{W2} 使 V_{ref} 由 0V 至 2.5V 变化，观测两路输出电压 V_o，判断电路工作状态是否正常，是否跟踪调节。

② 参照仿真调试步骤⑥、⑦有关说明，调节电位器 R_{W2}、R_{W3}，使主路最大输出电压 $V_{o(max)}$=5V。

③ 缓慢调节电位器 R_{W2}（R_{W3} 保持不变），参照表 14-2 给定的+V_o 量值，测量−V_o 跟踪情况，将测量数据填入表中并分析跟踪误差：$\Delta V_o = V_o - |-V_o|$。

表 14-2　测量数据

+V_o	0V	0.25V	0.5V	1V	2V	3V	4V	5V
−V_o								
ΔV_o								

④ 测量主路正电源最大纹波电压（额定负载电流条件下）。将输出电压值调整为+4V，用万用表直流电压挡监测输出电压，并在其后带载调试中维持该电压不变；将滑动变阻器负载接入正电源输出端，并串入直流电流表；置滑动变阻器为最大值，然后减小滑动变阻器阻值，使负载电流等于 0.2A（设为额定值）；选用低频毫伏表或示波器的交流输入模式，测量直流输出中的最大纹波电压。

⑤ 测量主路正电源输出电阻 R_o。根据输出电阻定义：$R_o = \dfrac{\Delta V_o}{\Delta I_o}\Big|_{V_i=常数}$，所以，在上一测量步骤获取 $V_o = +4V$、$I_o = 0.2A$ 数据的基础上，只需调节滑动变阻器，即可测取另一组 V_o、I_o 数据。

建议：增大主路输出负载阻值，使 I_o 减小为 0.1A，然后测量 V_o 的变化。

*⑥ 测定稳压系数 S_r。

根据稳压系数定义：$S_r = \dfrac{\dfrac{\Delta V_o}{V_o}}{\dfrac{\Delta V_i}{V_i}}\Big|_{R_L=常数}$

说明：调节自耦调压器模拟电网电压 ±10% 波动，导致整流滤波输出电压变为 $V_i \pm \Delta V_i$，并使串联稳压电路输出电压由 V_o 变为 $V_o \pm \Delta V_o$。所以，测量应按以下步骤进行：调自耦调压器，令输入交流电压为 220V，将滑动变阻器接入主路电源输出端，串入直流电流表，调节 R_{W2} 使 $V_o = 5V$、$I_o = 0.2A$；然后，调节自耦调压器令输入交流电压减小为 198V，保持 R_L 不变，重新测量 V_o 是否变化。试设计用于上述测量数据的记录表格，并完成稳压系数 S_r 的测定和计算。

五、实验报告要求

（1）整理测量数据，说明稳压电源各项性能参数的物理意义。

（2）记录实验中出现的问题，分析问题并说明具体解决办法。

（3）分析测量误差，说明误差产生的各种原因。

六、预习思考题

（1）在图 14-2 所示电路中，在端接负载 R_L 足够大的条件下，二极管桥式整流电路输出的平均直流电压估计是多大？如果再加入滤波电容，其输出的平均直流电压估计为多大？

（2）假设双路跟踪稳压电源的额定输出电压 $V_o = 5V$、额定输出电流 $I_o = 0.2A$，试估算所用电源变压器的输出功率和次级输出电压参数应满足哪些具体要求。

（3）分析图 14-2 所示电路，说明利用电位器 R_{W2} 调节输出电压具有何优点？为何不采用电位器 R_{W3} 来调节输出电压？

（4）若要求本电源能够兼有"两路跟踪供电""两路独立供电"两种工作模式，试问：图 14-1 所示原理框图应如何调整才能支持上述两种工作模式的切换？

（提示：从路电源需增设一个独立可调的电压基准源，而且需要改变从路跟踪取样电路的接入点。）

实验报告 8
——晶体管单级共射放大电路

班级_____   姓名_____   同组人_____

一、判断题（正确的打"√"，错误的打"×"）

1. 放大电路必须加上合适的直流电源才能正常工作。 （   ）
2. 只有电路既放大电流又放大电压，才称其有放大作用。 （   ）
3. 由于放大的对象是变化量，因此当输入信号为直流信号时，任何放大电路的输出都毫无变化。 （   ）
4. 电路中各电量的交流成分是交流信号源提供的。 （   ）

二、选择题（单选）

1. 对某电路中一个 NPN 型硅管测试，测得 $U_{BE} > 0$，$U_{BC} < 0$，$U_{CE} > 0$，则此管工作在（   ）。

    A．放大区　　　　　B．饱和区　　　　　C．截止区

2. 对某电路中一个 NPN 型硅管测试，测得 $U_{BE} < 0$，$U_{BC} < 0$，$U_{CE} > 0$，则此管工作在（   ）。

    A．放大区　　　　　　　　　　B．饱和区

    C．截止区

3. 采用微变等效电路分析放大电路交流性能指标时，放大电路中的直流电源做短路处理，在实际测试放大电路的交流性能指标时，将直流电源（   ）。

    A．短路　　　　　　　　　　B．开路

    C．正常接入电路

4. 图 1 所示电路由于接法错误，并不能实现交流信号放大，其错误是（   ）。

    A．电源极性接反　　　　　　B．发射结被短路

    C．交流信号不能输出　　　　D．电容 C_1、C_2 极性接反

5. 电路如图 2 所示，当晶体管的 β 由 50 变成 100 时，假设三极管仍然工作在放大状态，则电路的电压放大倍数 $A_u =$（   ）。

    A．约为原来的 $1/2$　　　　　B．基本不变

    C．约为原来的 2 倍　　　　　D．约为原来的 4 倍

6. 电路如图 2 所示，当晶体管的 β 由 50 变成 100 时，假设三极管仍然工作在放大状态，则电路的输入电阻 $R_i =$（   ）。

    A．减小很多　　　　　　　　B．基本不变

    C．约为原来的 2 倍　　　　　D．约为原来的 4 倍

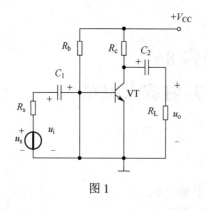

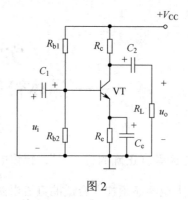

图 1   图 2

三、实验数据处理

完成表 1～表 4 的测试，将实测 A_u、R_i、R_o 数值与理论估算值比较。

表 1 数据记录表

测 量 值					计 算 值		
U_B/V	U_E/V	U_C/V	I_B（μA）	I_C（mA）	U_{BE}/V	U_{CE}/V	I_C/mA

表 2 实验记录表（$R_c = 5.1k\Omega$，$R_L = \infty$，$U_i = 5mV$）

U_C/V	9.0	7.0	5.0
U_o/mV			
A_u			

表 3 数据记录表（$R_c = 5.1k\Omega$，$R_L = 5.1k\Omega$，$U_i = 30mV$）

U_{CE}/V	U_o 波形	失真情况	管子工作状态
<0.5V			
6V			
>10V			

四、简答题

1. 总结 R_c、R_L 及静态工作点对放大电路电压放大倍数、输入和输出电阻的影响。

2. 总结 R_p 的变化对静态工作点及输出波形失真的影响，分析波形失真的原因。

84

实验报告 9
——多级负反馈放大电路

班级＿＿＿＿＿　　姓名＿＿＿＿＿　　同组人＿＿＿＿＿

一、选择题（单选）

1. 对于放大电路，所谓开环，是指（　　　）。
   A．无信号源　　　　　　　　　　　B．无反馈通路
   C．无电源　　　　　　　　　　　　D．无负载
2. 对于放大电路，所谓闭环，是指（　　　）。
   A．考虑信号源内阻　　　　　　　　B．存在反馈通路
   C．接入电源　　　　　　　　　　　D．接入负载
3. 在输入量不变的情况下，若引入反馈后（　　　），则说明引入的反馈是负反馈。
   A．输入电阻增大　　　　　　　　　B．输出量增大
   C．净输入量增大　　　　　　　　　D．净输入量减小
4. 直流负反馈是指（　　　）。
   A．直接耦合放大电路中所引入的负反馈
   B．放大直流信号时才有的负反馈
   C．在直流通路中的负反馈
   D．只存在于阻容耦合电路中的负反馈
5. 要增大放大器的输入电阻及输出电阻，应引入（　　　）负反馈。
   A．电流并联　　　　　　　　　　　B．电压串联
   C．电流串联　　　　　　　　　　　D．电压并联
6. A．直流负反馈　　　B．交流负反馈
   ① 为了稳定静态工作点，应引入＿＿＿＿＿。
   ② 为了稳定放大倍数，应引入＿＿＿＿＿。
   ③ 为了改变输入电阻和输出电阻，应引入＿＿＿＿＿。
   ④ 为了抑制温漂，应引入＿＿＿＿＿＿。
7. A．电压　　　　　B．电流　　　　　C．串联　　　　　D．并联
   ① 为了稳定放大电路的输出电压，应引入＿＿＿＿＿负反馈。
   ② 为了稳定放大电路的输出电流，应引入＿＿＿＿＿负反馈。
   ③ 为了增大放大电路的输入电阻，应引入＿＿＿＿＿负反馈。
   ④ 为了减小放大电路的输入电阻，应引入＿＿＿＿＿负反馈。
   ⑤ 为了增大放大电路的输出电阻，应引入＿＿＿＿＿负反馈。
   ⑥ 为了减小放大电路的输出电阻，应引入＿＿＿＿＿负反馈。

二、简答题

1．分析整理基本放大器和负反馈放大器的测试数据，总结电压串联负反馈对放大器性能的影响。

2．在测量基本放大器 A_u 时，为什么要把 R_{Wf}、R_f 反馈支路串接在输出端与地之间？

3．什么是负反馈放大器的反馈深度？如何调整反馈深度？

实验报告 10
——电压比较器及其应用

班级＿＿＿＿＿＿　　姓名＿＿＿＿＿＿　　同组人＿＿＿＿＿＿

一、选择题（单选）

1. 与滞回电压比较器相比，单限门电压比较器（　　）。

    A．灵敏度高，抗干扰能力差　　　　　B．灵敏度低，抗干扰能力差

    C．灵敏度高，抗干扰能力强　　　　　D．灵敏度高，抗干扰能力强

2. 与工作在运算电路中的运算放大器不同，电压比较器中的运算放大器通常工作在（　　）。

    A．放大状态　　　　　　　　　　　B．深度负反馈状态

    C．开环或正反馈状态　　　　　　　D．线性工作状态

二、简答题

1. 集成运算放大器工作在线性区和非线性区各有什么特点？

2. 若希望在 $u_i < +3V$ 时，u_o 有高电平，而在 $u_i > +3V$ 时，u_o 有低电平，则应采用哪一种电压比较器，试画出此电压比较器的原理图。

3. 根据实验测试所得的数据，绘出电压比较器的电压传输特性曲线。

4. 比较器和波形发生器电路需要调零吗？为什么？

5. 比较器和波形发生器电路中是否要求 $R_N=R_P$？为什么？

6. 实验电路均为双极性输出，若要改为单极性输出，应该怎么办？

7. 不改变振荡频率，只增大矩形波占空比的可调范围，应如何改动电路结构和参数？

实验报告 11
——基于集成运算放大器的基本运算电路

班级_____   姓名_____   同组人_____

一、判断题（正确的打"√"，错误的打"×"）

1．运算电路中一般均引入负反馈。　　　　　　　　　　　　　　　　（　　）

2．在运算电路中，集成运算放大器的反相输入端均为虚地。　　　　（　　）

3．凡是运算电路都可利用"虚短"和"虚断"的概念求解运算关系。（　　）

4．理想运算放大器的输入电阻接近于无穷大。　　　　　　　　　　（　　）

二、选择题（单选）

A．反相比例运算电路　　　　　　B．同相比例运算电路

C．积分运算电路　　　　　　　　D．加法运算电路

（1）欲将正弦波电压叠加上一个直流量，应选用_____。

（2）欲实现 $A_u = -100$ 的放大电路，应选用_____。

（3）欲将方波电压转换成三角波，应选用_____。

（4）_____可以实现 $A_u > 1$ 的放大器。

三、实验题

1．完成表1～表4的实验测试，在图1中记录实验波形，注意极性。

表1　实验记录表1

U_i/V	0.5	−0.5	2
U_o/V（测量值）			
U_o/V（计算值）			

表2　实验记录表2

U_i/V	0.5	−1	2
U_o/V（测量值）			
U_o/V（计算值）			

表3　实验记录表3

U_{i1}/V	−2.0	−2.5	0.5
U_{i2}/V	2.5	1.5	−0.5
U_o/V（测量值）			
U_o/V（计算值）			

表 4 实验记录表 4

U_{i1}/V	2.0	−2.5	0.5
U_{i2}/V	2.5	−1.5	−0.5
U_o/V （测量值）			
U_o/V （计算值）			

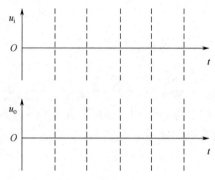

图 1 实验记录图

2．根据表 1 和表 2 的实验数据，分析反相和同相比例运算电路在输入为 2V 时运算放大器的工作状态，并解释出现这种状态的原因。

实验报告 12
——双路跟踪直流稳压电源

班级_____　　姓名_____　　同组人_____

一、判断题（正确的打"√"，错误的打"×"）

1. 直流电源是一种将正弦信号转换为直流信号的波形变换电路。　　　（　　）
2. 直流电源是一种能量转换电路，它将交流能量转换为直流能量。　　（　　）
3. 当输入电压 U_I 和负载电流 I_L 变化时，稳压电路的输出电压是绝对不变的。（　　）
4. 整流电路可将正弦电压变为脉动的直流电压。　　　　　　　　　　（　　）
5. 对于理想的稳压电路，$\dfrac{\Delta U_o}{\Delta U_I}=0$，$R_o=0$。　　　　　　　　　　　（　　）
6. 在单相桥式整流电路中，若有一只整流管接反，则变为半波整流。　（　　）

二、填空题

1. 直流稳压电源主要由电源降压变压器、_____、_____和稳压电路等四部分组成。
2. 将交流电变为直流电的电路称为_____。

三、选择题（单选）

1. 在图 1 所示电路中：

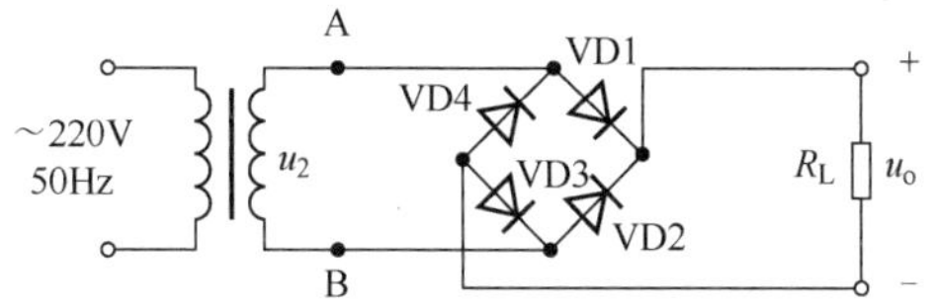

图 1

（1）桥式整流电路中输出电流的平均值 I_o 是（　　）。

    A. $0.45\dfrac{U}{R_L}$　　　　B. $0.9\dfrac{U}{R_L}$　　　　C. $0.9\dfrac{U_o}{R_L}$　　　　D. $0.45\dfrac{U_o}{R_L}$

（2）流过每个整流管的电流为（　　）。

    A. $I_o/4$　　　　B. $I_o/2$　　　　C. $4I_o$　　　　D. I_o

（3）每个二极管的最大反向电压 $U_{D(RM)}$ 为（　　）。

    A. $\dfrac{\sqrt{2}}{2}U$　　　　B. $\sqrt{2}U$　　　　C. $2\sqrt{2}U$　　　　D. $4\sqrt{2}U$

（4）若 VD_1 的正负极性接反，则 u_o 的波形（　　）；若 VD_1 开路，则输出（　　）。

    A. 只有半周波形　　　　　　　　　B. 全波整流波形

C．无波形且变压器或整流管损坏   D．仍可正常工作

2．直流稳压电源中滤波电路的目的是将（　　　）。

    A．交流变为直流   B．高频变为低频

    C．交、直流混合量中的交流成分滤掉

3．直流稳压电源中滤波电路应采用（　　　）。

    A．高通滤波电路   B．低通滤波电路

    C．带通滤波电路

四、简答题

1．整理测量数据，说明稳压电源各项性能指标参数的物理意义。

2．记录实验中出现的问题，分析问题并说明具体解决办法。

3．分析测量误差，说明本实验中误差产生的各种原因。

数字电子技术部分

实验十五　集成门电路的基本应用

一、实验目的

（1）了解 SDUST-CEE-DE 型数字电路实验箱的结构、功能及正确使用方法。

（2）验证 TTL 门电路的逻辑功能，熟悉其主要特性参数的实用意义。

二、实验原理

门电路是最简单的组合逻辑器件，其特点是任意时刻的输出信号仅取决于该时刻的输入信号，而与信号作用前后的状态无关。其输入/输出符合一定的逻辑关系，输入和输出的都为数字信号。门电路之间经过适当的连接可以实现其他逻辑功能，本实验利用与非门可以实现与、或、异或、或非等逻辑关系。

三、实验设备与器件

实验设备与器件如表 15-1 所示。

表 15-1　实验设备与器件

序号	名　称	型号与规格	数量	备　注
1	函数信号发生器	SDG1062X	1	
2	双踪示波器	SDS1202X-E	1	
3	数字万用表	SDM3055X-E	1	
4	数字电路实验箱	SDUST-CEE-DE	1	±5V 直流电源
5	与非门	74LS00、74HC00	1	

四、实验内容

1. 仪器的使用练习

（1）用示波器观测脉冲波形参数。

① 将 SDUST-CEE-DE 型数字电路实验箱上的 TTL 脉冲信号发生器输出的"连续脉冲"，接至双踪示波器 Y1 通道输出端，并使两仪器"共地"连接。调节脉冲频率约为 1kHz，观测其波形，并记录电平幅度、上升时间、下降时间、脉宽、周期等参数。

② 将 SDG1062X 函数信号发生器输出端接至 Y1 通道，观测 f=1kHz 时的 TTL 方波和 CMOS 方波信号，并记录两种波形的电平幅度、上升时间、下降时间、脉宽、周期等参数。

注：SDUST-CEE-DE 型数字电路实验箱中 TTL 信号源需由+5V 电源单独供电。

（2）用数字万用表测量逻辑电平值。

① 用数字万用表电压挡测量数字电路实验箱中 TTL 方波信号发生器的"单次脉冲"输出电平，其电平变化由"单次"脉冲按钮状态决定。

② 测量数字电路实验箱"逻辑数据开关"的输出电平，分别将数据开关掷向"H"或"L"处，测量逻辑高电平、低电平数值。

在测试中，可以用数字电路实验箱上的"逻辑笔""（15 位）逻辑电平显示器"做电平状态监视。

注："逻辑数据开关""逻辑电平显示器""逻辑笔"均需单独接+5V 电源。

（3）测量脉冲频率。

将数字电路实验箱"连续脉冲"接至 SDG1062X 函数信号发生器的"测频"输入端，函数信号发生器置"测频模式"，测量"连续脉冲"的信号频率调节范围。

2. TTL 与非门主要特性测试

首先，查阅附录中 74LS00 引脚图及功能说明。正确接入+5V 电源后，按照要求完成以下测试项目。

验证与非门的逻辑功能，测量其输出逻辑电平 V_{OH}、V_{OL}

由与非门电路的工作原理可知：当输入端全为高电平时，输出为低电平（一般 $V_{OL} \leqslant$ 0.4V）；当至少有一个输入端为低电平时，输出则为高电平（一般 $V_{OH} \geqslant 2.7V$）。

按图 15-1 连接测试电路，选用 2 位"逻辑数据开关"作为 A、B 输入信号，输出端 F 接"逻辑电平显示器"（任选其中一位），并用数字万用表电压挡测量 V_o 数值，将各种组合输入下的输出结果记录于表 15-2 中。

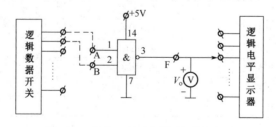

图 15-1　输入、输出逻辑关系测试图

注：上述测量电平可视作输出空载时的 V_{OH}、V_{OL}。

表 15-2　"与非"门逻辑测试

输　入		输　　出	
A	B	电压 V_o	逻辑值 F
0	0		
0	1		
1	0		
1	1		

3. 用与非门实现各种简单逻辑运算

（1）"与"运算。因为 $F = AB = \overline{\overline{AB}}$，所以实现"与"运算的电路如图 15-2 所示。

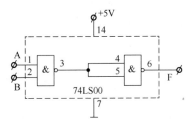

图 15-2　"与"运算电路

将 74LS00 按图 15-2 连接，A、B 输入端接 2 位逻辑数据开关，输出端 F 接 1 位 LED 逻辑电平显示器，按表 15-3 进行测试并记录逻辑运算结果。

表 15-3　"与"逻辑运算结果

输　入	输　　出
A　B	F
0　0	
0　1	
1　0	
1　1	

（2）"或"运算。因为 $F = A + B = \overline{\overline{A + B}} = \overline{\overline{A} \cdot \overline{B}}$，所以实现"或"运算的电路如图 15-3 所示。

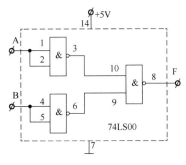

图 15-3　"或"运算电路

按表 15-4 测试不同组合输入条件下的运算结果并作记录。

表 15-4   "或"逻辑运算结果

输 入	输 出
A B	F
0 0	
0 1	
1 0	
1 1	

*（3）"或非"运算。在图 15-2 的基础上，再接一个非门，即等效为或非门，其电路如图 15-4 所示，试将所测试运算结果记录于表 15-5 中。

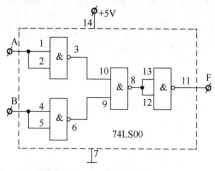

图 15-4   "或非"运算电路

表 15-5   "或非"逻辑运算结果

输 入	输 出
A B	F
0 0	
0 1	
1 0	
1 1	

（4）"异或"运算。测试电路如图 15-5 所示，将所测结果记录于表 15-6 中。

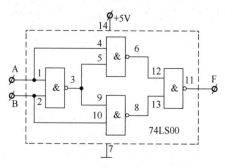

图 15-5   "异或"运算电路

表 15-6　异或逻辑运算结果

输　入		输　出
A　B		F
0　0		
0　1		
1　0		
1　1		

4. 电压传输特性测试

按图 15-6 连接电路，调节 R_W，使 V_I 在 0～5V 范围内变化，并依照表 15-6 取定 V_I 数据，测量、记录 V_O 相应数值，并根据表中数据，画出 V_I-V_O 传输特性曲线。

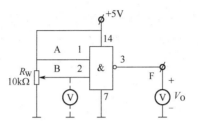

图 15-6　与非门电压传输特性测试图

表 15-7　电压传输特性测试

V_I/V	0.5	0.7	0.9	1.0	1.2	1.5	1.7	1.9	2.0	2.3	2.5	2.8	3.5
V_O/V													

五、实验注意事项

（1）插接集成电路时，要认清定位标记，不得插错。
（2）实验中要求使用 V_{CC}=+5V，电源极性绝对不允许接错。

六、实验预习要求

（1）了解附录 A 数字电路实验箱的结构与主要功能。
（2）熟悉集成电路 74LS00 各引脚功能及排列。
（3）熟悉用与非门实现与运算、或运算、与非运算、或非运算的电路。

实验十六 组合逻辑电路的分析与设计

一、实验目的

（1）掌握小规模（SSI）组合逻辑电路的分析与设计方法。

（2）熟悉常用中规模（MSI）组合逻辑部件的功能及其应用。

（3）通过对一些简单电路的设计，掌握组合逻辑电路的测试与验证方法。

二、实验原理

组合逻辑电路是最常见的逻辑电路之一，其特点是任意时刻的输出仅仅取决于该时刻的输入信号，而与信号作用前电路的状态无关。组合逻辑电路的分析是已知电路，分析出电路能实现的逻辑功能，分析过程较简单。组合逻辑电路的设计是根据实际的逻辑问题，定义逻辑状态的含义，再根据所给定事件的因果关系列出逻辑真值表，然后由逻辑真值表写出逻辑表达式，画出逻辑电路图。所谓最简，是指电路所用器件的数量最少，器件的种类最少，而且器件之间的连线也最少。

三、实验设备与器件

实验设备与器件如表 16-1 所示。

表 16-1 实验设备与器件

序　号	名　　称	型号与规格	数　量	备　注
1	函数信号发生器	SDG1062X	1	
2	双踪示波器	SDS1202X-E	1	
3	数字万用表	SDM3055X-E	1	
4	数字电路实验箱	SDUST-CEE-DE	1	±5V 直流电源
5	实验器件	74LS00、74LS02、74LS20、74LS54、74LS83、74LS86、74LS151、74LS138		

四、实验内容

1. 组合逻辑电路的分析

（1）分析图 16-1 所示"一位数值比较器电路"的逻辑功能，说明其逻辑关系与实际意义，并将验证测试结果填入表 16-2 中。

*（2）分析图 16-2 所示"四位二进制原码/反码转换器电路"的逻辑功能，按照表 16-3 选取其中一位做出分析，并记录测试结果。

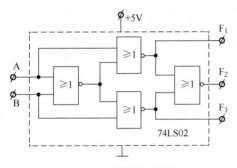 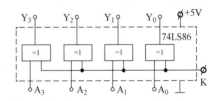

图 16-1　一位数值比较器电路　　　图 16-2　四位二进制原码/反码转换器电路

表 16-2　一位数值比较器电路逻辑功能测试结果

输　　入	输　　出		
A　B	F_1	F_2	F_3
0　0			
0　1			
1　0			
1　1			

表 16-3　四位二进制原码/反码转换器电路逻辑功能测试结果

控　　制	输　　入	输　　出
K	A_i	Y_i
0	0	
	1	
1	0	
	1	

（3）分析图 16-3 采用 MSI 芯片（3-8 译码器）构成的组合逻辑电路，正确连接各引脚并供电，然后测试电路功能，并将结果填入表 16-4 中。

*（4）分析图 16-4"8421BCD 码-8421 余 3 码转换电路"的逻辑功能，将测试结果填入表 16-5 中。

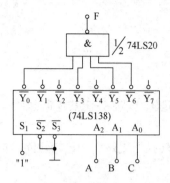

图 16-3　三位码偶校验电路

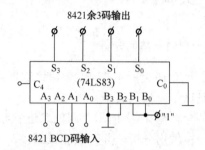

图 16-4　8421BCD-8421 余 3 码转换电路

表 16-4　三位码偶校验电路逻辑功能测试结果

输　入			输　出
A	B	C	F
0	0	0	
0	0	1	
0	1	0	
0	1	1	
1	0	0	
1	0	1	
1	1	0	
1	1	1	

表 16-5　8421BCD-8421 余 3 码转换电路逻辑功能测试结果

输　入				输　出			
A_3	A_2	A_1	A_0	S_3	S_2	S_1	S_0
0	0	0	0				
0	0	0	1				
0	0	1	0				
0	0	1	1				
0	1	0	0				
0	1	0	1				
0	1	1	0				
0	1	1	1				
1	0	0	0				
1	0	0	1				
1	0	1	0				
1	0	1	1				
1	1	0	0				
1	1	0	1				
0	0	0	0				
0	0	0	1				

注：当 $S_1 = 1$、$\overline{S_2} = \overline{S_3} = 0$ 时，译码器输入输出逻辑关系为

$$\overline{Y_i} = f(A_2A_1A_0) = \overline{m_i}$$

m_i 是 $A_2A_1A_0$ 地址码的最小项（参见附录 A 中 74LS138 真值表）。

2. 组合逻辑电路的设计与测试

注：在测试中，应考虑 TTL 门多余输入端的处理。

（1）用最少的异或门（74LS86）设计一个"三位二进制码的奇校验器"：当三位数码中出现奇数个"1"时，输出为"1"，否则输出为"0"。

（2）设计一个电机启动逻辑控制器。A、B、C 三个开关符合如下条件时电机启动：A 与 B 闭合，或 A 与 C 闭合，或 A、B、C 同时闭合；否则电机不启动。

阅读教材及附录中数据选择器有关内容，用 MSI 芯片 74LS151（8 选 1 数据选择器）设计该控制器，并将验证测试结果列表记录。

注：74LS151 选通端 $\overline{S} = 0$ 时，输出 $Y = \overline{W} = \sum_{i=0}^{7} D_i m_i$。其中，$m_i$ 是 $A_2A_1A_0$ 地址码的最小项。

*（3）试用最少的异或门和与非门设计一个反映泵房水泵工作情况的控制电路，要求：三台水泵中若有一台水泵发生故障时，黄灯亮；两台水泵发生故障时，红灯亮；三台水泵同时发生故障的情况不出现。

五、实验预习要求

（1）复习教材中组合逻辑电路的分析与设计方法。
（2）了解实验中所用 SSI/MSI 芯片引脚的功能与使用方法。
（3）设计相关的实验电路。
（4）简答以下思考题：
　　① 与门、与非门多余输入端应如何处理？
　　② 或门、或非门的多余输入端应如何处理？

实验十七　集成触发器及其应用

一、实验目的

（1）掌握 JK 型、D 型触发器的逻辑功能及触发翻转特点。
（2）熟悉各触发器之间逻辑功能相互转换的方法。

二、实验设备与器件

实验设备与器件如表 17-1 所示。

表 17-1　实验设备与器件

序号	名　　称	型号与规格	数量	备　注
1	函数信号发生器	SDG1062X	1	
2	直流稳压电源	SPD3303X-E	1	
3	双踪示波器	SDS1202X-E		
4	数字万用表	SDM3055X-E	1	
5	数字电路实验箱	SDUST-CEE-DE	1	±5V 直流电源
6	实验器件	74LS00、74LS02、74LS74、74LS76、74LS86		

三、实验原理

触发器是具有记忆功能的二进制信息存储器件，是时序逻辑电路的基本单元之一。触发器按逻辑功能分为 RS、JK、D、T 触发器；按电路触发方式可分为主从型触发器和边沿型触发器两大类。

1. 基本 RS 触发器

图 17-1 所示为由两个与非门交叉耦合构成的基本 RS 触发器，它是无时钟控制低电平直接触发的触发器。基本 RS 触发器具有置"0"、置"1"和"保持"三种功能。通常称 $\overline{S}$ 为置"1"端，因为 $\overline{S}=0(\overline{R}=1)$ 时触发器被置"1"；$\overline{R}$ 为置"0"端，因为 $\overline{R}=0(\overline{S}=1)$ 时触发器被置"0"；当 $\overline{S}=\overline{R}=1$ 时状态保持；$\overline{S}=\overline{R}=0$ 时，触发器状态不定，应避免此种情况发生。表 17-2 所示为基本 RS 触发器的功能。

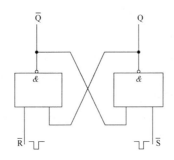

图 17-1　基本 RS 触发器

表 17-2　基本 RS 触发器功能

输　　入		输　　出	
$\bar{S}$	$\bar{R}$	Q^{n+1}	$\bar{Q}^{n+1}$
0	1	1	0
1	0	0	0
1	1	Q^n	$\bar{Q}^n$
0	0	$\varnothing$	$\varnothing$

注：$\varnothing$ 为不定态。

基本 RS 触发器也可以用两个"或非门"组成，此时为高电平触发有效。

2. JK 触发器

在输入信号为双端的情况下，JK 触发器是功能完善、使用灵活和通用性较强的一种触发器。JK 触发器的状态方程为

$$Q^{n+1} = J\bar{Q}^n + \bar{K}Q^n$$

J 和 K 是数据输入端，是触发器状态更新的依据。若 J、K 有两个或两个以上输入端时，则组成"与"的关系。Q 与 $\bar{Q}$ 为两个互补输出端。通常把 Q = 0、$\bar{Q}$ = 1 的状态定为触发器"0"状态，而把 Q = 1、$\bar{Q}$ = 0 的状态定为"1"状态。

下降沿触发 JK 触发器的功能如表 17-3 所示。

表 17-3　下降沿触发 JK 触发器的功能

输　　入					输　　出	
$\bar{S}_D$	$\bar{R}_D$	CP	J	K	Q^{n+1}	$\bar{Q}^{n+1}$
0	1	$\times$	$\times$	$\times$	1	0
1	0	$\times$	$\times$	$\times$	0	1
0	0	$\times$	$\times$	$\times$	$\varnothing$	$\varnothing$
1	1	$\downarrow$	0	0	Q^n	$\bar{Q}^n$
1	1	$\downarrow$	1	0	1	0
1	1	$\downarrow$	0	1	0	1
1	1	$\downarrow$	1	1	$\bar{Q}^n$	Q^n
1	1	$\uparrow$	$\times$	$\times$	Q^n	$\bar{Q}^n$

注：$\times$—任意态；$\downarrow$—高到低电平跳变；$\uparrow$—低到高电平跳变；Q^n（$\bar{Q}^n$）—现态；Q^{n+1}（$\bar{Q}^{n+1}$）—次态；$\varnothing$—不定态。

JK 触发器常被用于缓冲存储器、移位寄存器和计数器中。

3. D 触发器

在输入为单端输入的情况下，D 触发器使用起来最为方便。其状态方程为 $Q^{n+1} = D^n$，若其输出状态的更新发生在 CP 脉冲的上升沿，则称其为上升沿触发的边沿触发器。触发器的状态只取决于时钟到来前 D 端的状态。D 触发器的应用很广，可用作数字信号的寄存、移位寄存、分频和波形发生中。有很多型号可供选用，如双 D74LS74、四 D74LS175、六 D74LS174 等。

双 D74LS74 的引脚排列及逻辑符号如图 17-2 所示，功能如表 17-4 所示。

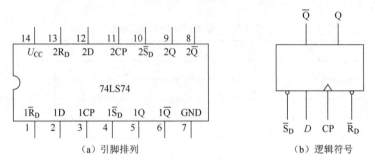

（a）引脚排列 　　　　　　　　　　（b）逻辑符号

图 17-2　双 D74LS74 的引脚排列及逻辑符号

表 17-4　双 D74LS74 的功能

输　　入				输　　出	
$\overline{S}_D$	$\overline{R}_D$	CP	D	Q^{n+1}	$\overline{Q}^{n+1}$
0	1	×	×	1	0
1	0	×	×	0	1
0	0	×	×	$\varnothing$	$\varnothing$
1	1	↑	1	1	0
1	1	↑	0	0	1
1	1	↓	×	Q^n	$\overline{Q}^n$

4. 触发器之间的相互转换

在集成触发器的产品中，每种触发器都有自己固定的逻辑功能，但可以利用转换的方法获得具有其他功能的触发器。例如，将 JK 触发器的 J、K 两端连在一起，并认它为 T 端，就得到所需的 T 触发器，如图 17-3（a）所示，其状态方程为 $Q^{n+1} = T\overline{Q}^n + \overline{T}Q^n$。

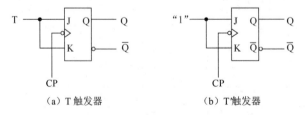

（a）T 触发器 　　　　　　　　（b）T′触发器

图 17-3　JK 触发器转换为 T、T′触发器

T 触发器的功能如表 17-5 所示。当 T=0 时，时钟脉冲作用后，其状态保持不变；当 T=1 时，时钟脉冲作用后，触发器状态翻转。所以，若将 T 触发器的 T 端置"1"，如图 17-3（b）

所示，即得 T′触发器。在 T′触发器的 CP 端每来一个 CP 脉冲信号，触发器的状态就翻转一次，故称之为翻转触发器，它广泛用于计数电路中。

表 17-5　T 触发器的功能

输　入				输　出
$\overline{S}_D$	$\overline{R}_D$	CP	T	$\overline{Q}^{n+1}$
0	1	×	×	1
1	0	×	×	0
1	1	↓	0	Q^n
1	1	↓	1	$\overline{Q}^n$

四、实验内容

1. 触发器功能测试

触发器具有记忆功能，是时序逻辑电路的基本部件之一。触发器按其功能可以分为 RS 型、JK 型、D 型、T 型及 T′型；按电路的触发方式可以分为电平型、主-从型及边沿型（包括上升沿触发和下降沿触发）；按翻转特性又可以分为同步有空翻型和同步无空翻型。此外，触发器还可以分为 TTL 和 CMOS 两类。以下选择几种常用触发器进行测试。

（1）基本 RS 触发器。

用 74LS00 与非门接成图 17-4 所示的基本 RS 触发器，用实验箱中的数据开关和电平指示测试逻辑功能，并把数据填于表 17-6 中。

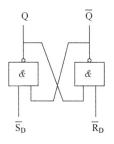

图 17-4　基本 RS 触发器

表 17-6　基本 RS 触发器逻辑功能测试结果

$\overline{R}_D$	$\overline{S}_D$	Q^n	Q^{n+1}
0	1	0	
		1	
1	0	0	
		1	
1	1	0	
		1	
0	0	0	
		1	

（2）JK 触发器。

在同步触发脉冲作用下，JK 触发的特性方程为：$Q^{n+1} = J\bar{Q}^n + \bar{K}Q^n$。

本实验选用 74LS76 双 JK 触发器，其引脚说明和功能转换真值表见附录 A。任选其中一个触发器，验证：① 异步控制端 $\bar{R}_D$、$\bar{S}_D$ 的作用；② 功能转换真值表；③ 触发翻转动作是否发生在触发脉冲下降沿（用数字实验箱"单次"脉冲触发）。

实验测试结果记录于表 17-7 中。

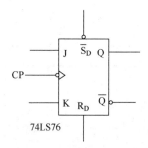

图 17-5　JK 触发器功能测试

表 17-7　JK 触发器功能测试结果

$\bar{R}_D$	$\bar{S}_D$	CP	J　K	Q^n	Q^{n+1}	功能
0	1	×	×　×	×		
1	0	×	×　×	×		
1	1	↓	0　0	0		
				1		
		↓	0　1	0		
				1		
		↓	1　0	0		
				1		
		↓	1　1	0		
				1		

（3）D 触发器。

在同步脉冲作用下，D 触发器的特性方程为 $Q^{n+1} = D$。

显然，新状态值完全由 D 输入决定，而与现状态无关。实验拟选用 74LS74 双 D（正边沿）触发器，其引脚说明和功能转换真值表见附录 A。任选其中一个触发器，验证：① 异步控制端 $\bar{R}_D$、$\bar{S}_D$ 的作用；② 功能转换真值表；③ 翻转时刻。

实验测试结果记录于表 17-8 中。

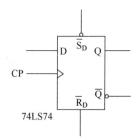

图 17-6　D 触发器功能测试

106

表 17-8　D 触发器功能测试结果

$\overline{R}_D$	$\overline{S}_D$	CP	D	Q^n	Q^{n+1}	功能
0	1	×	×	×		
1	0	×	×	×		
1	1	↑	0	0		
		↑	0	1		
		↑	1	0		
		↑	1	1		

2. 触发器功能转换

（1）JK 型转换为 D 型触发器。图 17-7 所示为 JK→D 触发器转换电路。分析转换原理，拟定验证测试步骤，列表记录功能转换关系。

（2）D 型转换为 T 型触发器。图 17-8 所示为 D→T 触发器转换电路。分析转换原理，拟定验证测试步骤，列表记录功能转换关系。

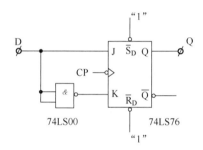

图 17-7　等效 D 型触发器

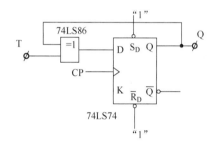

图 17-8　等效 T 型触发器

3. 触发器典型应用

（1）D 触发器构成的脉冲二分频电路。图 17-9 所示为 D 型触发器转换而成的 T′ 型触发器。按特性方程 $Q^{n+1} = \overline{Q}^n$ 可知，每一 CP 脉冲触发后，Q 状态翻转一次。所以，Q 端输出脉冲的频率为 CP 脉冲频率的二分之一。在 CP 端加入 1kHz TTL 方波信号，用示波器 Y_1、Y_2 通道同时观测 CP 与 Q 波形。

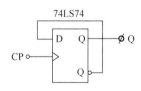

图 17-9　二分频电路

*（2）构成同步型单次脉冲发生器。工程中，有时需要产生与 CP 脉冲同步的单次脉冲，图 17-10 给出一种采用双 JK 触发器设计的单次脉冲电路。其基本原理为：手动控制信号输入前，$Q_1 = 0$，CP 脉冲作用下，$Q_2 = 0$；一旦手动控制电平出现下降沿变化，Q_1 翻转为 1，导致 Q_2 在某个 CP 脉冲下降沿作用下，也翻转为 1，则 $\overline{Q}_2 = 0$，又引起 Q_1 被异步清零。当下一个 CP 脉冲到来后，Q_2 再次翻转为 0，并一直保持，等待下一次手动控制信号的重新触发。所以，上述过程只产生一个 $T_w = T_{CP}$ 的单脉冲输出。

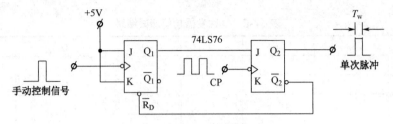

图 17-10　同步单次脉冲发生器

五、实验预习要求

（1）复习教材中不同结构各种功能触发器的工作原理及特性方程。

（2）了解所用芯片的引脚及使用方法。

实验十八　计数器及其应用

一、实验目的

（1）加深对二进制、十进制计数器工作原理的理解。

（2）掌握 MSI 计数器的使用及功能测试方法。

（3）熟悉用 MSI 计数器构成任意进制计数器的方法。

二、实验设备与器件

实验设备与器件如表 18-1 所示。

表 18-1　实验设备与器件

序号	名　　称	型号与规格	数量	备　　注
1	函数信号发生器	SDG1062X	1	
2	双踪示波器	SDS1202X-E	1	
3	数字万用表	SDM3055X-E	1	
4	数字电路实验箱	SDUST-CEE-DE	1	±5V 直流电源
5	集成器件	74LS00、74LS20、74LS160、74LS161、CD4028		

三、实验内容

计数器是数字系统中最常用的基本时序逻辑部件，主要用来对脉冲进行计数，还常用作数字系统的定时、分频、运算、顺序控制等。计数器产品种类较多，功能较强。使用中一般只需借助器件手册，了解计数器芯片的功能表和引脚分布图，即可合理选用。常用的 MSI 计数器主要有二进制、十进制两类，另有加法计数、加/减可逆计数之分。通过灵活改变计数器的状态转换规律，可以实现任意进制的计数要求，也可以实现某些特殊要求的时序逻辑设计。

1. 二进制计数器及其应用

74LS161 为同步型四位二进制加法计数器，兼有异步清"0"和同步预置数等基本功能。查阅附录中该器件引脚图与功能表可知：

当 $\overline{R_D}=0$ 时，Q_3、Q_2、Q_1、Q_0 均异步清零。

当 $\overline{LD}=\overline{R_D}=1$、$CP=\times$、$EP\cdot ET=0$ 时，电路工作在保持状态，或称暂停计数状态。

注：ET=0 时，进位输出信号 C=0。

$\overline{LD}=0$、$\overline{R_D}=EP=ET=1$ 时，芯片等待送数。一旦 CP 上升沿到来，预置数 D_3、D_2、D_1、D_0 立即写入 Q_3、Q_2、Q_1、Q_0 中。

当 $\overline{LD}=\overline{R_D}=EP=ET=1$ 时，电路按照 8421 码加法规律进行计数，状态转换发生在 CP 上升沿。而且，每次完成第 15 个脉冲的计数时，计数器状态为"1111"，进位输出信号 C=1。

（1）顺序脉冲发生器测试。

在图 18-1 所示电路中，CD4028 为 CMOS 的 8421BCD 译码器，74LS161 和 74LS00 则组成 8421BCD 十进制加法计数器，两部分综合构成十节拍顺序脉冲发生器电路。

将频率为 10Hz 的 TTL 脉冲输入 CP，并用示波器依次观测电路中 $Q_3Q_2Q_1Q_0$ 与 CP 脉冲的时序波形关系，同时用数字实验箱上的 LED 逻辑电平显示器观察 CD4028 各输出端信号电平变化规律。

完成以上测试，记录各部分电路的工作波形，进一步说明顺序脉冲发生器的基本原理。

（2）同步五进制计数器设计与测试。

将图 18-2 所示电路设计为五进制加法计数器。

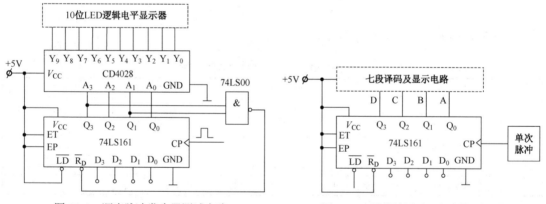

图 18-1 顺序脉冲发生器测试电路　　　图 18-2 置数法设计五进制加法计数器

要求状态转换顺序为 0000→0001→0010→0011→0100→0000→……

设计中，需考虑如何利用 74LS161 同步置数端 $\overline{LD}$ 的控制作用，适时地将预置数 D_3、D_2、D_1、D_0 正确写入 Q_3、Q_2、Q_1、Q_0，从而形成新的计数循环。完成电路设计，自拟测试步骤并记录测试结果。

*（3）数字定时器设计。用计数器实现定时功能的方案很多，图 18-3 所示为一种较简单的定时器电路设计示意图。当触发输入端 $\overline{S_D}$ 加入负向窄脉冲后，Q=1，计数器开始对秒脉冲（也可以是其他频率的脉冲）进行计数。假如计满 6 个脉冲使 $\overline{R_D}=0$，则基本 RS 触发器 Q=0，导致计数中止，此过程即为定时 6s 的执行过程。

适当选择 $Q_3\sim Q_0$ 端子接入与非门，完成 10s 定时器电路设计，并进行验证性测试。

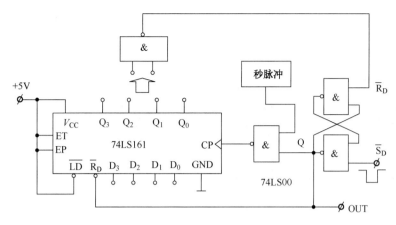

图 18-3　数字式定时器设计示意图

2. 计数器的级联使用

（1）用两片 74LS161 设计同步八十三进制加法计数器。

（2）用两片 74LS160(CD4518)设计同步十二进制加法计数器。

要求计数序列为 74LS160：$01 \rightarrow 02 \rightarrow 03 \rightarrow 04 \rightarrow 05 \rightarrow 06 \rightarrow 07 \rightarrow 08 \rightarrow 09 \rightarrow 10 \rightarrow 11 \rightarrow 12 \rightarrow 01 \cdots \cdots$

CD4518：$00 \rightarrow 01 \rightarrow 02 \rightarrow 03 \rightarrow 04 \rightarrow 05 \rightarrow 06 \rightarrow 07 \rightarrow 08 \rightarrow 09 \rightarrow 10 \rightarrow 11 \rightarrow 00 \cdots \cdots$

两位数的计数状态分别为 8421BCD 代码，可利用数字实验箱上七段译码及显示电路显示计数结果。

（提示：当计数状态进入"12"时，可通过与非门（74LS20）产生一个控制信号，使"十位"清"0""个位"直接置"1"）。

四、实验预习要求

（1）复习计数器的工作原理。

（2）查阅附录中 74LS160、74LS161、CD4028 等 MSI 芯片的有关介绍，了解各芯片功能表和引脚分布图，熟悉其一般使用方法。

（3）以 74LS161 为例，说明利用中规模计数器构成任意进制计数器的一般设计方法。

五、实验报告要求

（1）分析、设计有关实验电路，扼要说明电路工作原理。

（2）记录测试波形，整理测试数据，对实验结果进行分析。

（3）记录实验中出现的问题，分析问题并说明具体解决办法。

实验十九　555 时基电路的基本应用

一、实验目的

（1）熟悉集成定时器的电路结构、工作原理及特点。
（2）掌握用定时器组成各种脉冲产生与变换电路的设计方法。
（3）熟悉多谐振荡器、单稳态电路中 RC 定时元件对振荡周期或脉冲宽度的影响。
（4）掌握用示波器测量脉冲幅度、周期和脉冲宽度的方法。

二、实验设备与器件

表 19-1　实验设备与器件

序号	名　　称	型号与规格	数量	备　注
1	数字电子技术实验箱	SDUST-CEE-DE	1	
2	双踪示波器	SDS1202X-E	1	
3	函数信号发生器	SDG1062X	1	
4	数字万用表	SDM3055X-E	1	
5	555 定时器	NE555	1	
6	二极管	IN4148	若干	
7	阻容元件		若干	

三、实验原理

　　555 时基电路又称集成定时器，是一种用途十分广泛的数字、模拟混合型的中规模集成电路。产品序号一般为 555（BJT）或 7555（CMOS）型，二者内部结构与工作原理类似，均可以通过外接少量阻容元件，灵活构成施密特触发器、基本 RS 触发器、单稳态触发器以及多谐振荡器等脉冲产生与变换电路。本实验所用 NE555 为双极型电路，电源电压一般取 4.5～16V，输出端为 OC 结构，负载驱动电流可达 200mA，最大工作频率为 500kHz。

　　555 电路的内部电路框图如图 19-1 所示，它包含两个电压比较器、一个基本 RS 触发器、一个放电开关管 T。比较器的参考电压由 3 个 5kΩ 的电阻器构成的分压器提供，它们使高电平电压比较器 A_1 的同相输入端和低电平比较器 A_2 的反相输入端的参考电平分别为 $\frac{2}{3}U_{CC}$ 和

$\frac{1}{3}U_{\mathrm{CC}}$。$A_1$ 和 A_2 的输出端控制 RS 触发器状态和放电管开关状态。当输入信号 6 脚（即高电平触发）输入并超过参考电平 $\frac{2}{3}U_{\mathrm{CC}}$，2 脚信号超过 $\frac{1}{3}U_{\mathrm{CC}}$ 时，触发器复位，555 电路的输出端 3 脚输出低电平，同时放电开关管截止。

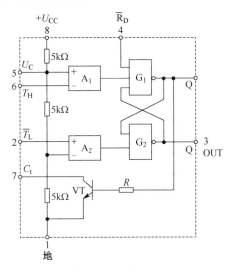

图 19-1　555 定时器内部电路框图

$\overline{\mathrm{R}}_{\mathrm{D}}$ 是复位端（4 脚），当 $\overline{\mathrm{R}}_{\mathrm{D}}=0$ 时，555 输出低电平，平时 $\overline{\mathrm{R}}_{\mathrm{D}}$ 端开路或接 U_{CC}。

U_{C} 是控制电压端（5 脚），平时输出 $\frac{2}{3}U_{\mathrm{CC}}$ 作为比较器 A_1 的参考电平。当 5 脚外接一个输入电压时，则改变了比较器的参考电平，从而实现对输出的另一种控制；在不接外加电压时，通常接一个 0.01μF 的电容到地，起滤波作用，以消除外来的干扰，确保参考电平的稳定。

T 为放电管，当 T 导通时，将给接于脚 7 的电容器提供低阻放电通路。

555 定时器主要是与电阻、电容构成充放电回路，并由两个比较器来检测电容器上的电压，以确定输出电平的高低和放电开关管的通断。这就很方便地构成从微秒到数十分钟的延时电路，可方便地构成施密特触发器、单稳态触发器、多谐振荡器等脉冲产生或波形变换电路。

四、实验内容

下面结合时基电路几种典型应用，以实验的方法进行分析、设计与测试。

1. 施密特触发器

图 19-2 所示电路中，V_i 端接入 3V（有效值）、1kHz 正弦信号，用示波器分别测量 $V_{\mathrm{o}1}$ 与 $V_{\mathrm{o}2}$ 输出波形的幅度、脉冲宽度等参数，并与输入波形作比较，说明波形变换原理。

如果利用示波器直接观测 $V_{\mathrm{o}1}$-V_i 电压传输特性，试拟定实验方案与测试方法。

2*. 基本 RS 触发器

测试图 19-3 所示电路的逻辑功能，列表记录测试结果。

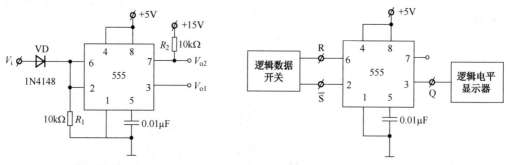

图 19-2　施密特触发器测试电路　　　　图 19-3　基本 RS 触发器测试电路

3. 单稳态触发器

图 19-4 所示电路为单稳态触发器。对方波输入信号而言，C_1、R_1、VD 构成微分型触发输入电路，若确定方波信号的最小周期 T_{min}=1ms、单稳态定时信号脉冲宽度 $T_w \approx 0.5$ms，试设计取定电路中 R、C 元件参数。

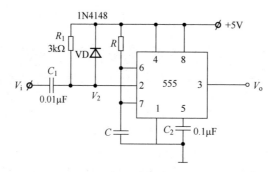

图 19-4　单稳态触发器

按照设计参数选定元件完成电路连接，再将函数信号发生器置 TTL 输出，调节信号频率 f_x=800Hz 并接入 V_i 端；用示波器分别观测 V_i、V_2 及 V_o 波形，验证其设计是否正确，并分析误差产生的原因。

4. 多谐振荡器

分析图 19-5 所示频率、占空比均可调节的多谐振荡器。其中，R_1=R_2=500Ω，R_{W1} 用来调节占空比，R_{W2} 用来调节振荡频率。

若要求电路输出脉冲频率可调范围为 500～3000Hz、占空比可调范围为 0.2～0.7，试计算确定 R_{W1} 和 C 的参数。

按照设计参数选定元件完成电路连接，用示波器实测输出波形，记录波形参数并与理论值比较，分析误差原因。

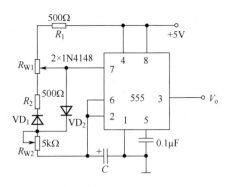

图 19-5 多谐振荡器

五、实验预习要求

（1）熟悉 555 时基电路的组成与基本功能。

（2）分析各实验电路的工作原理，完成有关理论参数的计算。

（3）拟定测试步骤与所需记录图表。

六、实验报告要求

完成实验要求的测试内容，整理数据，并回答以下问题。

（1）555 定时器是一种模数混合的中规模集成电路，用它可以很方便地组成哪些电路？

（2）施密特触发器有哪些用途？

（3）在 555 定时器构成的施密特触发器电路中，0.01μF 的电容起什么作用？

（4）在图 19-4 所示的单稳态触发电路中，定时脉冲的时间与哪些参数有关，简述单稳态触发电路的工作原理。

实验二十　简易数字频率计

一、实验目的

（1）学习简易数字频率计的设计原理。

（2）掌握数字频率计电路的综合分析方法与仿真调试方法。

（3）掌握时基发生器、逻辑控制器、计数器、锁存器以及七段译码显示电路的实验调试方法。

（4）熟悉各种常用组合逻辑、时序逻辑集成芯片的功能及使用方法。

（5）了解数字频率计测频误差的产生原因。

二、实验设备

表 20-1　实验设备

序号	名　　称	型号与规格	数量	备　　注
1	数字电子技术实验箱	SDUST-CEE-DE	1	
2	双踪示波器	SDS1202X-E	1	
3	函数信号发生器	SDG1062X	1	
4	数字万用表	SDM3055X-E	1	
5	综合实验电路板		2	

三、实验原理与实验电路

1. 计数式测频的基本原理

数字频率计是直接用十进制数字来显示被测信号频率的一种测量装置，它不仅可以测量正弦波、方波、三角波和尖脉冲等周期性信号的频率，还可以测量它们的周期。本实验所涉及的简易数字频率计只具备"测频"工作模式。

所谓"频率"，是指周期性信号在单位时间（1s）内变化的次数。若在一定时间间隔 T 内测得这个周期性信号的重复变化次数 N，其频率可表示为 $f_x = N / T$。

简易数字频率计的原理框图如图 20-1 所示。图中，脉冲形成单元电路具有两个基本功能：① 将被测信号放大或衰减，使其电压幅值在一定范围内符合整形电路输入端所要求的规范；

② 将被测信号整形为方波脉冲，其重复频率则等于被测信号频率 f_x（由于前一功能实现涉及模拟电子技术，此间将以 TTL 方波直接作为被测输入信号，故"脉冲形成"单元电路采用虚线框表示）。

时间基准信号发生器（简称时基电路）主要用来产生频率为 f_s 的标准时钟脉冲信号（CLK），以便形成较为精准的"测频"逻辑控制时序。其时基信号是否准确、稳定，直接影响着频率计的"测频"精度与稳定性。

逻辑控制单元的功能是：① 向计数器发出清"0"脉冲（CLR）；② 为闸门电路提供标准门控信号（GATE）；③ 向锁存器发出计数数据锁存信号（LOCK），以便译码显示电路正确显示测频数据。

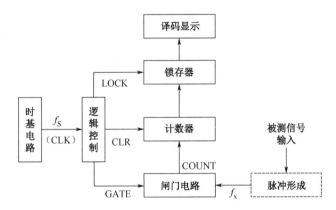

图 20-1　简易数字频率计原理框图

图 20-2 为简易数字频率计逻辑控制与测频计数时序波形。

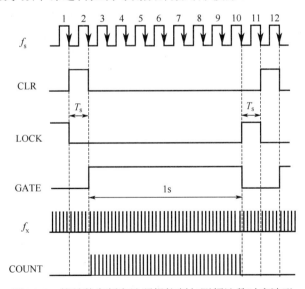

图 20-2　简易数字频率计逻辑控制与测频计数时序波形

若令 f_s=8Hz，则门控信号持续时间 GATE=1s。闸门电路由标准秒信号进行控制，当秒信号到来时，闸门开通，被测脉冲信号 f_x 将通过闸门，送入事先已被清"0"的计数器进行计数（COUNT）。而秒信号结束时，闸门关闭，计数器停止计数。由于计数器在 1s 内累计的脉

冲数为 N，因此被测频率 $f_x = N$ Hz 。

计数器的计数值 N，经锁存器输入译码显示电路。所以，每次测频所得数据都将稳定地显示，并且在下一次闸门关闭时，再次根据最新测频数据更新其显示内容。

2. 数字频率计实验电路

图 20-3 所示简易数字频率计"时基发生与逻辑控制"子电路中，采用 14 位 CD4060 串行计数/分频器，对 32768 Hz 石英晶体振荡器的输出信号进行分频，可分别获得 $2^4 \sim 2^{10}$、$2^{12} \sim 2^{14}$ 分频。其中，Q12（2^{12} 分频）输出信号的频率 $f_s = 8$ Hz（$T_s = 0.125$s），该信号即标准时基脉冲。

取时基脉冲 f_s，一路输入 74LS90 异步十进制计数器完成十分频，再由 8421BCD 译码集成芯片 CD4028 处理，产生十节拍的正向顺序脉冲。其中，CD4028 的 Q9、Q0 输出脉冲分别送入双 D 触发器 74LS74 芯片的 2 引脚和 12 引脚，并在另一路时基脉冲 f_s 驱动下，以脉冲正跳变沿触发 74LS74 中的两个 D 触发器。从而分别形成脉冲宽度均为 0.125s 的清"0"脉冲信号 CLR 和锁存脉冲信号 LOCK。

注意：由于 74LS74 双 D 触发器采用低电平异步置位、复位，因此电路设计中加入 R_2、C_3 控制其 1 脚和 4 脚，使上电瞬间自动引入低电平，完成对于触发器的异步清"0"。

同时，借助 74LS74 对 CD4028 的 Q9、Q0 两路正脉冲的处理，其两路 $\overline{Q}$ 端反相输出信号则可综合出标准的门控秒信号 GATE：

$$GATE = \overline{CLR} \cdot \overline{LOCK} = \overline{CLR + LOCK}$$

上式说明：在既非清"0"又非锁存的时间间隔内，闸门被打开，可进行计数、测频。

利用 74LS00 中的两个与非门完成上述与逻辑运算，形成门控信号 GATE；再用另外两个与非门组成与门，即闸门。当 GATE=1 时，由于其脉宽为 8×0.125s=1s，因此可以在 1s 内截取被测信号 f_x 通过闸门，形成测频计数信号 COUNT。

图 20-4 所示的简易数字频率计"计数、锁存"子电路中，将 4 片 74LS90 异步十进制计数器级联，分别构成四位频率"个位""十位""百位""千位"的计数电路。4 片计数器在每次计数前统一由 CLR 信号进行清"0"。

注意：图 20-4 中 74LS90 芯片的 MR1、MR2 为清"0"端，即实验电路板上的 CLR1、CLR2 端。

计数结束时，锁存正脉冲信号 LOCK 到来，启动两片 74LS373 八 D 锁存器，将 4 片计数器的测频计数数据（4 组 8421BCD 码）送入锁存，以确保 LED 数码显示器上的数字稳定不变，即锁存信号 LOCK 正跳变到来时，8 位锁存器的输出分别等于输入，即 Qi=Di。从而将 4 片十进制计数器即个位、十位、百位及千位的输出值送到锁存器的输出端。正脉冲结束后，无论输入端 D 为何值，输出端 Q 的状态仍将保持不变。所以，在计数期间，计数器不断累计的测频数据不会直接送入译码显示器。

关于七段显示译码与数码显示电路的设计，可参见《电工电子技术》教材中有关章节。本项实验拟安排在频率计电路仿真中进行设计并调试。实验实测阶段，将利用数字电路实验箱自带的译码显示电路，直接显示两片 74LS373 所输出的 4 组测频数据。

综上可知，简易数字频率计的主要设计指标为：频率测量范围 10～9999Hz；4 位数字显示；测量时间 $t \leqslant 1.25$s。

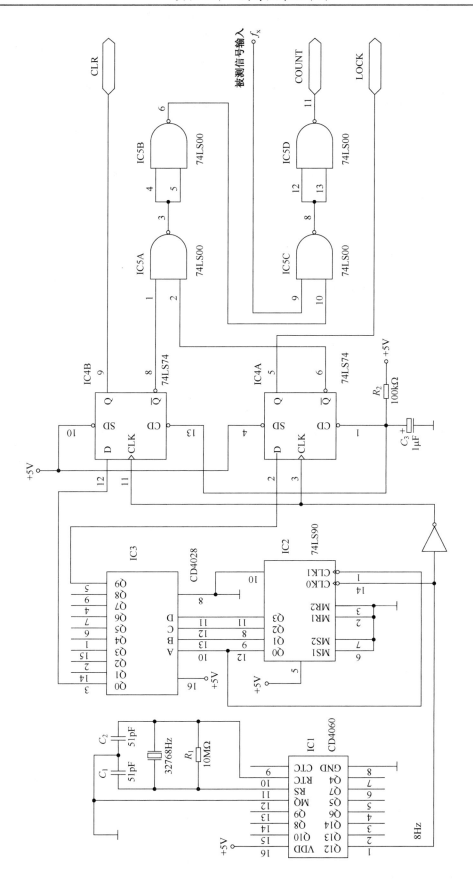

图 20-3　简易数字频率计"时基发生与逻辑控制"子电路

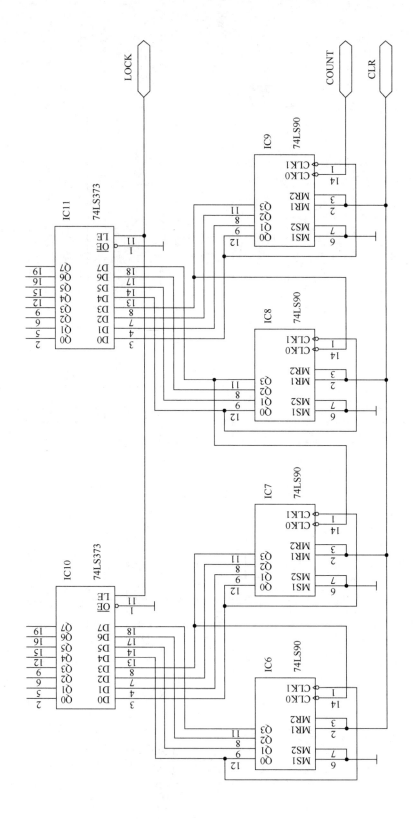

图 20-4　简易数字频率计"计数、锁存"子电路

按照频率测量准确度的定义：$\dfrac{\Delta f_{\mathrm{x}}}{f_{\mathrm{x}}} \times 100\%$，若忽略石英晶振产生的误差，建议读者自行分析该简易数字频率计测频误差的产生原因，并思考如何改进其电路设计。

四、实验内容与步骤

1. 四位简易数字频率计电路的仿真调试

（1）执行"开始"→"程序"→"Multisim"命令，进入 Multisim 设计窗口。

（2）由"File"菜单新建一个工程（New Project），设定好工程名称、文件存储和备份路径后，新建一个电路设计文件（New），则进入如图 20-5 所示的 Multisim 设计窗口。图中由上到下分别为菜单栏、主工具栏、元件工具栏、工程管理窗口、设计图板、虚拟仪器工具栏、设计信息栏和状态栏。

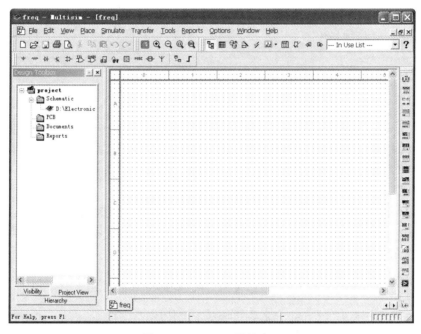

图 20-5　Multisim 设计窗口

（3）将数字频率计"时基发生与逻辑控制"子电路作为底层模块，参照图 20-6 完成其电路设计与仿真调试。

① 利用 Place→Component 菜单或单击元件工具栏，选择合适的元件类别（Group）和元件（Component），确定选用某元件后，单击"OK"按钮，即可在设计图板任意位置上放置该元件，合理调整布局，依次放置好 freq1 电路模块中的所有元件。

② 通过 Place→Connectors→HB/HS Connectors 菜单，连续放置 4 个连接端子，再双击各端子，分别设置端子名称（Label）。其中，CLR 为计数器清零信号端子；LOCK 为计数数据锁存控制信号端子；COUNT 为计数信号端子；FX 为被测信号端子。

③ 由于仿真软件元件库中没有晶振元件，频率计中的时基发生单元电路采用方波信号

源替代。在设计窗口右侧选择一个虚拟仪表：函数信号发生器（Function Generator）并放在设计图板合适位置上（也可选择 Place→Component→Source 中的方波信号源）。另外，为了分析逻辑控制时序波形，再选择一个逻辑分析仪（Logic Analyzer）并放在合适位置。

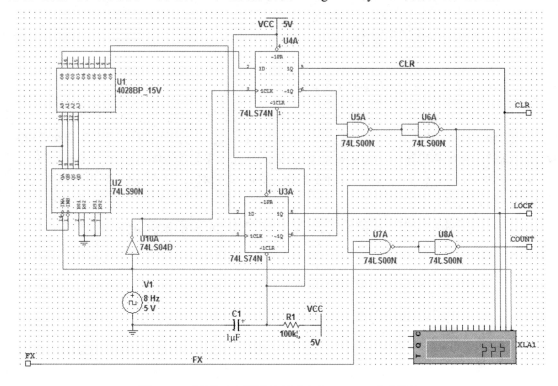

图 20-6　时基发生与逻辑控制子电路（freq1）仿真设计

④ 将鼠标指针移动到各个元件的端子上，当出现小黑圆点时，按住鼠标左键并拖到需要进行连接的其他元件的端子上，当再次出现小黑圆点后，松开鼠标左键。类似地，依次完成本模块所有元件之间以及与仪表之间的电气连接。

⑤ 确认图中电路连接无误，设定文件名（此处假设为 freq1）后保存，即完成第一个子电路模块的设计。

说明：常用元件类别（Group）主要包括以下元件库。

Basic：基本元件库，含各种电阻、电位器、电容和电感元件。

TTL：各种 74 系列数字集成电路库。

CMOS：4000 系列以及 74HC 系列 CMOS 数字集成电路库。

Source：各种电源库；各种信号源库。

（4）底层模块电路（freq1）的仿真调试。

① 打开 freq1 文件，双击函数信号发生器，设置方波信号频率为 8Hz。

② 按 F5 键或单击工具栏，或由菜单 Simulate→Run 启动电路仿真。

③ 双击逻辑分析仪，打开逻辑分析仪，观察分析仿真结果。由图 20-7 所示时序波形可以看到：CLK，8Hz 时钟信号；CLR，复位信号，占用 1 个 CLK 时钟周期；GATE，计数闸门的门控"标准秒信号"，占 8 个 CLK 时钟周期；LOCK，计数锁存信号，占 1 个 CLK 时钟周期。

122

说明： 由于 Multisim 软件默认所有数字集成电路已经正常供电，因此上述电路设计以及仿真过程不需要考虑加入电源。

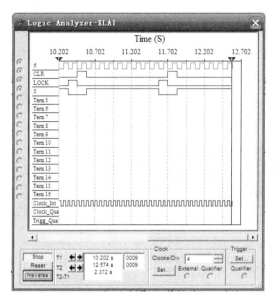

图 20-7　频率计控制逻辑仿真波形

（5）将图 20-4 所示数字频率计"计数、锁存"子电路作为第二个底层模块，参照图 20-8 所示示例，完成该模块的电路设计与仿真调试。

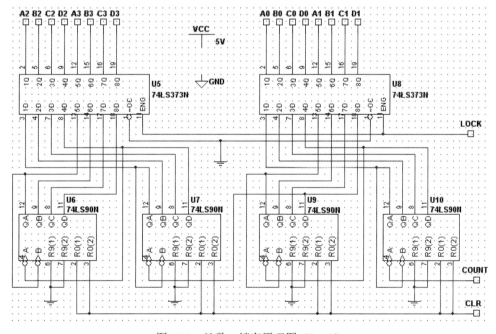

图 20-8　计数、锁存原理图（freq2）

① 新建一个电路设计文件，按照仿真步骤（3）的操作，在设计图板上依次调出并放置好所有电路元件。

② 连续放置 19 个连接端子，其中，CLR、COUNT 和 LOCK 用于输入第一个底层模块

所提供的信号；D3、C3、B3、A3 作为最高位显示的 BCD 代码输出端；D2、C2、B2、A2 作为次高位显示的 BCD 代码输出端；其他依次类推。

③ 合理调整电路布局，完成虚拟电气连接；确认图中电路连接无误，设定文件名（此处假设为：freq2）后保存，即完成第二个子电路模块的设计。

（6）新建一个电路作为顶层，使用菜单 Place→Hierarchical Block From File，在文件生成子模块电路的对话框中，分别找到刚才保存的两个电路模块设计文件（freq1 和 freq2）并打开，以模块形式调用子电路（如图 20-9 所示的 X1 和 X2 方块电路），然后放置 4 个数码管、电源和地（VCC 和 GND），接入被测信号源。

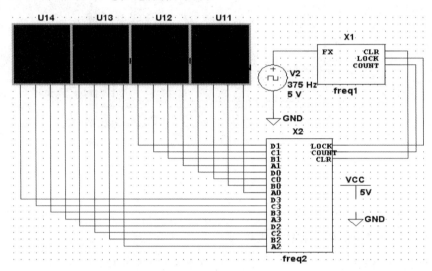

图 20-9　四位数字频率计顶层原理图

（7）数字频率计整体电路仿真与测试。

① 从虚拟仪表中选择逻辑分析仪 XLA2，并按图 20-10 所示电路连接。

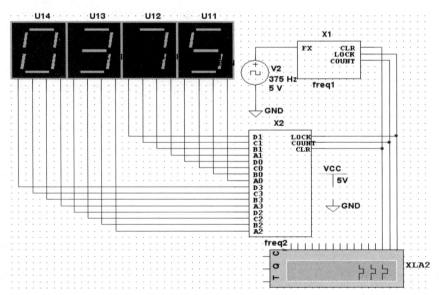

图 20-10　四位数字频率计仿真测试图

② 修改被测信号 V2 的频率（如为 375Hz），按 F5 键或由菜单 Simulate→Run 启动电路仿真。

③ 双击虚拟逻辑分析仪 XLA2，打开逻辑分析仪监测 X1 的控制逻辑信号。观察 4 位数码管显示的数据是否为被测信号 V2 的频率。

注意：4 位数码管显示出正确的数据需要经历最少一个周期的测试（仿真一开始显示的数据为无效数据），并可以通过监测逻辑分析仪 X1 的控制逻辑信号变化，了解频率计的工作过程。

2. 简易数字频率计实验测试

（1）时基发生与逻辑控制子电路（A 模块）。

① 将数字电路实验箱自带+5V 电源接入"时基发生与逻辑控制"子电路实验板，检查各芯片供电是否正常。

注意：保持实验箱与实验板电源共地。

② 分别测试 CD4060 芯片中 Q5、Q12、Q13、Q14 输出波形，检验上述端子对石英晶振 32768Hz 信号的分频是否正确。

③ 用示波器观察 8Hz 时基信号接入 74LS90 所产生的十分频时序波形。

④ 将 CD4028 译码器 Q0～Q9 输出端分别接数字电路实验箱上的 LED 逻辑电平显示器，观察各 LED 灯的点亮规律；同时，用示波器观测 Q0、Q9 输出波形，并作记录。

⑤ 将 CD4028 译码器输出 Q0 接至实验板 Q0-D 输入端（双 D 触发器 74LS74 的②脚）、Q9 接至 Q9-D 输入端，用示波器观测 LOCK 与 CLR 信号时序关系；然后，观测门控信号 GATE 与时基信号 CLK 之间的时序关系，并作记录。

⑥ 将函数信号发生器 TTL 输出作为被测信号源，并设定 f_x=1000Hz（或其他固定频率值），利用示波器定性观测门控信号 GATE 与闸门输出信号 COUNT 的波形关系，并作记录。

⑦ 用示波器定性观测闸门输出信号 COUNT 与被测信号 f_x 间的波形关系，并作记录。

（2）计数、锁存子电路（B 模块）。

① 将数字电路实验箱自带+5V 电源接入"计数、锁存"子电路实验板，检查各芯片供电是否正常。

注意：保持实验箱与实验板电源共地。

② 将计数单元电路中"个位""十位""百位"十进制计数器的进位输出信号级联，构成四级十进制测频计数单元。

③ 将"时基发生与逻辑控制"子电路实验板上的闸门输出信号 COUNT 接入测频计数单元电路，即 A、B 模块两实验板上的 COUNT 端子短接。

④ 将 A、B 模块两实验板上所有清"0"信号端子 CLR 短接、锁存信号端子 LOCK 短接。

（3）简易数字频率计统调与测试。

① 将"计数、锁存"子电路实验板上两片 74LS373 输出信号分为四组，每组 Q3、Q2、Q1、Q0 分别接入数字电路实验箱"七段译码显示"电路输入端：D、C、B、A。

② 将函数信号发生器 TTL 输出信号接入"时基发生与逻辑控制"子电路实验板 f_x 端，调节信号源输出频率 f_x，实测数字频率计的"测频范围"。

注意：被测信号频率 $f_x \leqslant 50\text{Hz}$ 时，建议适当增加若干测试频点。

五、实验预习要求

（1）复习教材中"石英振荡器""BCD 译码器""触发器""计数器""锁存器""七段译码显示电路"的工作原理，理解简易数字频率计的设计思想。

（2）拟定实验步骤，选择确定每一测试步骤所需使用的测量仪器。

（3）设计数据记录表格、准备记录时序波形所需坐标纸。

六、实验报告要求

（1）整理测量波形或数据，分析说明简易数字频率计各模块单元电路的工作原理。

（2）总结简易数字频率计电路仿真与实验调试方法。

（3）打印、提交"时基发生与逻辑控制"与"计数、锁存"子电路仿真设计原理图。

（4）记录实验中出现的问题，分析问题并说明具体解决办法。

（5）如何扩展数字频率计的频率测量范围？

（6）简易数字频率计电路中，如果不经锁存器，而将四片 74LS90 计数器"个位""十位""百位""千位"的测频计数数据直接输入显示译码电路，数码管上数字将如何变化？能否用其他器件代替锁存器的功能？

（7）分析简易数字频率计低频条件下的测频误差，说明"测频模式"误差产生的原因。

实验二十一　数控测量放大器设计与仿真

一、实验目的

（1）加深理解测量放大器的工作原理，分析多级放大器的增益分配问题。

（2）了解数控放大器增益调节的一般方法，学习 DAC 芯片用作数控衰减器的特殊应用。

（3）熟悉 Multisim 软件的使用方法，完成数控测量放大器的设计与仿真测试。

二、实验设备

计算机，Multisim 仿真软件，数控测量放大器实验模块

三、实验内容与步骤

数控放大器仿真步骤如下。

（1）执行"开始"→"程序"→"Multisim"命令，运行执行程序后进入 Multisim 设计窗口。

（2）由"File"菜单新建一个工程（New Project），设定好工程名称、文件存储和备份路径后，新建一个电路设计（New），则进入如图 21-1 所示的 Multisim 设计窗口。图中由上到下分别为菜单栏、主工具栏、元件工具栏、工程管理窗口、设计图板、虚拟仪器工具栏、设计信息栏和状态栏。

（3）设计子电路（双端输入转单端输入和 10 倍放大电路）：利用菜单 Place→Component 或元件工具栏，选择合适的元件类别和元件（Component）后单击"OK"按钮，在设计图板上按图 21-2 所示放置好各元件；然后通过菜单 Place→Connectors→HB/HS Connectors 放置 3 个连接端子，再双击各端子后设置好名称（Label 分别为 INP、INN 和 AOUT。其中 INP 为信号输入正端，INN 为信号输入负端，AOUT 为双端输入转单端输入且经过 10 倍放大以后的信号输出端）；最后将鼠标指针移动到各个元件的端子上，当出现小黑圆点时，按住鼠标左键并拖到需要进行连接的其他元件的端子上（出现小黑圆点后松开鼠标左键）以实现电气连接。按图 21-2 所示进行连接好后，设定文件名（此处假设为 Amp10）后保存。

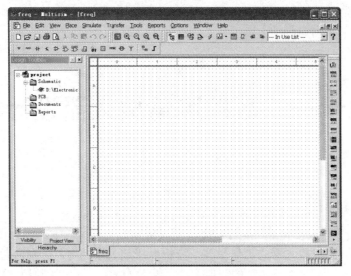

图 21-1 Multisim 设计窗口

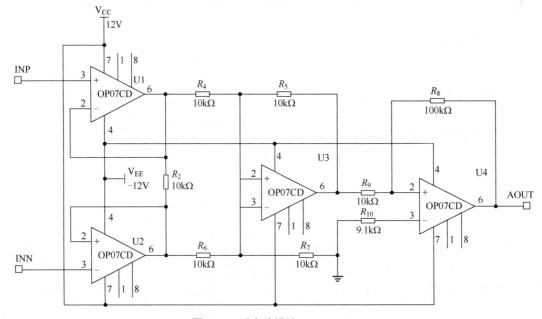

图 21-2 子电路设计（Amp10）

（4）新建一个电路作为顶层，使用菜单 Place→Hierarchical Block From File，在文件生成子模块电路的对话框中，分别找到刚才设计并保存的文件（Amp10）并打开，以模块形式调用子电路（如图 21-3 所示的 X1）。然后，从库中调用元件和虚拟万用表按照图 21-3 所示布局和连线，最后保存设计（此处假设为 PAMP_TOP）。

常用元件类别（Group）：Basic，基本元件库，含各种电阻、排阻、电位器、电容、开关和电感元件；Analog，常用各种集成模拟器件库（含各种集成运算放大器、比较器和仪表运算放大器等）；Source，电源库；Mixed，混合信号元件库（ADC、DAC、555 定时器、模拟开关和锁相环等）。

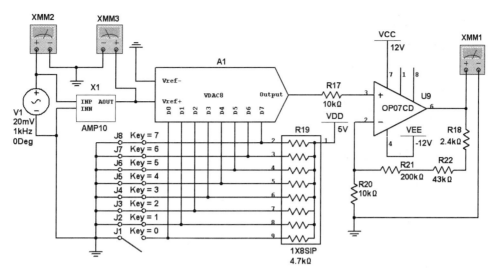

图 21-3　255 倍数控放大器顶层原理图

（5）设定被测信号 V1 的有效值（此处假设为 20mV，设定范围为 10～1000 mV）和频率，按 F5 键或由菜单 Simulate→Run 启动电路仿真，分别双击打开 3 个虚拟万用表，观察并记录 3 个虚拟万用表的示数（测量交流电压有效值）。如图 21-4 所示，其中 XMM3 的示数是 XMM2 的 10 倍，XMM1 的示数是 XMM2 的多少倍由开关 J1～J8 决定（由键盘 0～7 控制获得 0～255 倍设定，此处 J4 打开，D3=1，放大倍数为 8 倍）。

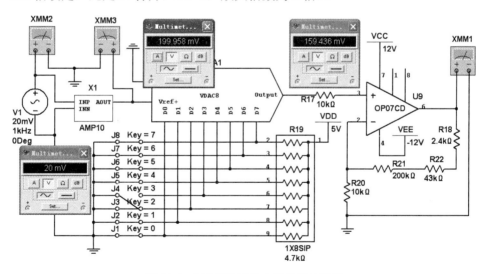

图 21-4　255 倍数控放大器仿真结果图

注意：开关 J1 最好不用，由于 DAC 库的原因，最低位 D0 的控制有误（原理应该为一倍控制量，此处表现为两倍，请注意观察）。

四、实验预习要求

（1）复习教材中"（仪用）测量放大器"基本工作原理及主要性能指标。

（2）复习 D/A 转换器工作原理。

（3）查阅数控放大器相关资料，了解其一般组成特点。

（4）完成数控测量放大器的初步设计。

五、实验报告要求

（1）阐述数控测量放大器的设计原理与主要特点，完成相关参数计算。

（2）总结数控测量放大器电路仿真与调试方法。

（3）提交测量放大器模块、数控模块等子电路的仿真设计原理图。

（4）改变测量放大器差模增益时，对放大器的共模抑制比是否会有较大影响？

（5）为什么 DAC 芯片可以用作线性规律的数控衰减器？

（6）若要求设计一个增益为 1～1000 倍可调的数控测量放大器，如何选择 DAC 芯片？

实验报告 13
——集成门电路的基本应用

班级_____   姓名_____   同组人_____

一、选择题（单选）

1. 与门的逻辑功能是（   ）。
    A．全低为高   B．全高为高   C．部分高为高
2. 与非门的输出为 0，则输入（   ）。
    A．全低   B．全高   C．有高有低
3. 异或门的逻辑功能是（   ）。
    A．全高为高   B．相异为高   C．全低为高
4. 或非的输出为 1，则输入（   ）。
    A．全低   B．全高   C．有高有低
5. 与非门多余的输入端应如何处理，下面哪种方法不对（   ）。
    A．接电源 V_{CC} B．接 1
    C．和其他某一个输入端子短接   D．接地

二、实验数据处理

完成表 1～表 6 的测试内容，分析实验结果，验证实验数据和门电路的逻辑关系是否正确，并绘制各门电路的电压传输特性曲线。

表 1　与非门逻辑测试

输　　入		输　　出	
A	B	电压 V_o	逻辑值 F
0	0		
0	1		
1	0		
1	1		

表 2　用与非门实现与运算

输　　入	输　　出
A　B	F
0　0	
0　1	
1　0	
1　1	

131

表 3　用与非门实现或运算

输　入		输　出
A　B		F
0　0		
0　1		
1　0		
1　1		

表 4　用与非门实现或非运算

输　入		输　出
A　B		F
0　0		
0　1		
1　0		
1　1		

表 5　用与非门实现异或运算

输　入		输　出
A　B		F
0　0		
0　1		
1　0		
1　1		

表 6　与非门电压传输特性测试

V_i/V	0.5	0.7	0.9	1.0	1.2	1.5	1.7	1.9	2.0	2.3	2.5	2.8	3.5
V_o/V													

实验报告 14
——组合逻辑电路的分析与设计

班级_____   姓名_____   同组人_____

一、简答题

1. 与门、与非门多余输入端应如何处理？假如门电路有三个输入端，只用其中两个，画出使用的示意图。

2. 或门、或非门的多余输入应如何处理？假如门电路有三个输入端，只用其中两个，画出使用的示意图。

3. 组合逻辑电路的设计步骤中，有一很关键的环节——逻辑抽象，那么逻辑抽象需要做的工作有哪些？

4. 利用与非门设计三变量多数表决电路，请写出设计过程，并画出最终的最简电路。

5. 用 SSI 门电路和 MSI 部件进行组合逻辑电路设计时,各有何优缺点?

二、实验数据处理

记录各项实验的测试数据与波形,并加以分析。

实验报告 15
——集成触发器及其应用

班级_____   姓名_____   同组人_____

一、填空题

1. 双稳态触发器有_____个稳定状态，可以存储、记忆_____位二进制数据。

2. 置 0、置 1 和_____是一个存储单元最基本的逻辑功能。

3. 触发器按逻辑功能分类有 D 触发器、_____、T 触发器和_____等类型。

二、实验题

完成表 1～表 3 的测试内容。

表 1 基本 RS 触发器

$\overline{R}_D$	$\overline{S}_D$	Q^n	Q^{n+1}
0	1	0	
		1	
1	0	0	
		1	
1	1	1	
		0	
0	0	0	
		1	

表 2 JK 触发器

$\overline{R}_D$	$\overline{S}_D$	CP	J K	Q^n	Q^{n+1}	功能
0	1	×	× ×	×		
1	0	×	× ×	×		
1	1	↓	0 0	0		
				1		
		↓	0 1	0		
				1		
		↓	1 0	0		
				1		
		↓	1 1	0		
				1		

表 3 D 触发器

$\overline{R}_D$	$\overline{S}_D$	CP	D	Q^n	Q^{n+1}	功能
0	1	×	×	×		
1	0	×	×	×		
1	1	↑	0	0		
		↑	0	1		
		↑	1	0		
		↑	1	1		

三、简答题

1．触发器 74LS76 的异步复位和异步置位端 $\overline{R}_D$、$\overline{S}_D$ 需要什么输入电平？

2．触发器功能转换前后，其触发方式、工作特性有无变化？试以 JK 触发器转换为 D 触发器为例作简要说明。

3．根据测试数据与波形，总结触发器的触发方式。

4．通过本次实验，谈谈对触发器的应用的体会。

附录 A　常用 TTL、CMOS 集成电路资料

一、门电路

74LS00　2 输入四与非门
$$Y = \overline{AB}$$

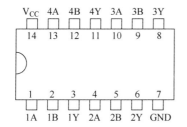

74LS01　2 输入四与非门
$$Y = \overline{AB}$$

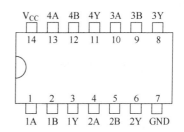

74LS02　2 输入四或非门
$$Y = \overline{A + B}$$

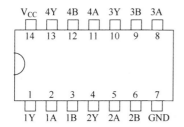

74LS04　六反相器
$$Y = \overline{A}$$

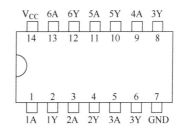

74LS20　4 输入双与非门
$$Y = \overline{ABCD}$$

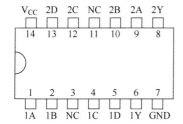

74LS54　四组输入与或非门
$$Y = \overline{AB + CDE + FGH + IJ}$$

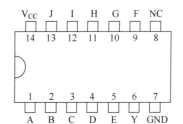

CD4069　六反相器
$$Y = \overline{A}$$

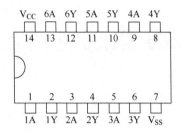

CD40107　双 2 输入与非门
缓冲器/驱动器（三态）

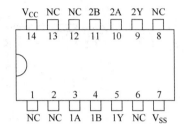

二、组合逻辑部件

74LS48　七段译码器/驱动器
（BCD 输入，有上拉电阻）

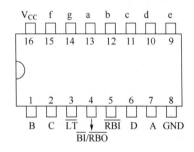

74LS83　4 位二进制全加器
（带超前进位）

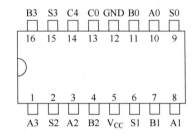

74LS85　四位数值比较器

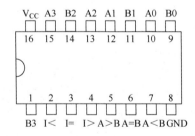

74LS138　3 线-8 线（反码）
译码器/多路转换器

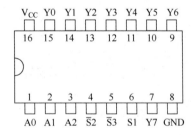

74LS148　8 线 - 3 线
优先编码器

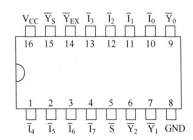

74LS151　8 选 1 数据选择器

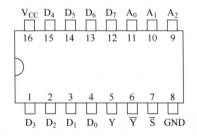

74LS183　双全加器

$S_1 = A \oplus B \oplus C$

$C_{n+1} = (A \oplus B)C_n + AB$

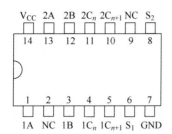

CD4028　BCD-十进制译码器

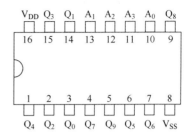

三、触发器

74LS74　双 D 型正沿触发器
　　　　（带预置和清除端）

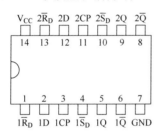

74LS76　双 JK 触发器
　　　　（带预置和清除端）

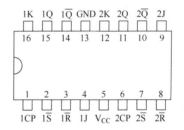

CD4013　双 D 型触发器
　　　　（带预置和清除端）

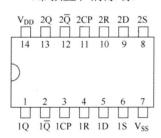

CD4027　双 JK 触发器
　　　　（带置位和复位端）

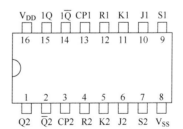

四、时序逻辑部件

74LS90　异步十进制计数器

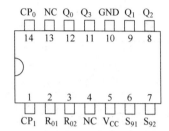

74S164　8 位移位寄存器
　　　　（串入并出）

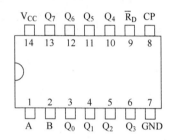

CD4029　4 位可预置二进
　　　　制/十进制可逆计数器
　　　　移位寄存器

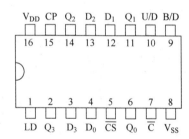

CD4060　14 位二进制串行
　　　　计数器/分频器

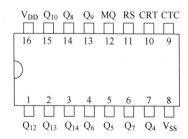

74LS160/161　同步十/十六进制计数器

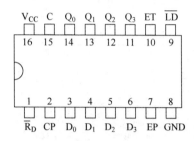

74LS194　4 位双向通用
　　　　　移位寄存器

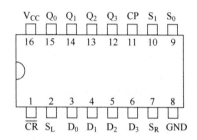

CD4040　12 位二进制串行
　　　　计数器/分频器
　　　　移位寄存器

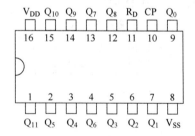

CD4066　四双向模拟开关

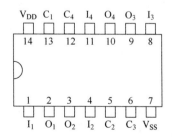

五、其他

NE555 集成定时器

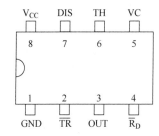

AD7520 10 位 D/A 转换器

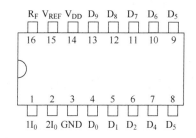

74HC4002 双四输入或非门

$$Y = \overline{A + B + C + D}$$

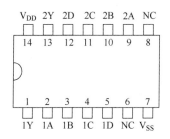

74LS373 八 D 锁存器（三态）

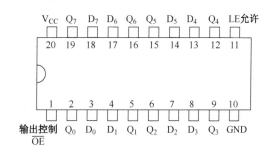

74LS48 BCD-七段译码器/驱动器

有效高电平输出；内部有升压电阻；试灯输入；前/后沿零灭灯控制；有灯光强度调制能力；输出最大电压 5.5V，吸收电流：7448 为 6.4mA、74LS48 为 6mA。

功能表

十进数 或功能	输 入						$\overline{BI}/\overline{RBO}$	输 出							注
	$\overline{LT}$	$\overline{RBI}$	D	C	B	A		a	b	c	d	e	f	g	
0	H	H	L	L	L	L	H	H	H	H	H	H	H	L	
1	H	×	L	L	L	H	H	L	H	H	L	L	L	L	
2	H	×	L	L	H	L	H	H	H	L	H	H	L	H	
3	H	×	L	L	H	H	H	H	H	H	H	L	L	H	
4	H	×	L	H	L	L	H	L	H	H	L	L	H	H	
5	H	×	L	H	L	H	H	H	L	H	H	L	H	H	1
6	H	×	L	H	H	L	H	L	L	H	H	H	H	H	
7	H	×	L	H	H	H	H	H	H	H	L	L	L	L	
8	H	×	H	L	L	L	H	H	H	H	H	H	H	H	
9	H	×	H	L	L	H	H	H	H	H	L	L	H	H	
10	H	×	H	L	H	L	H	L	L	L	H	H	L	H	
11	H	×	H	L	H	H	H	L	L	H	H	L	L	H	

十进数 或功能	输 入						$\overline{BI}/\overline{RBO}$	输 出							注
	$\overline{LT}$	$\overline{RBI}$	D	C	B	A		a	b	c	d	e	f	g	
12	H	×	H	H	L	L	H	L	H	L	L	L	H	H	
13	H	×	H	H	L	H	H	H	L	L	H	L	H	H	
14	H	×	H	H	H	L	H	L	L	L	H	H	H	H	
15	H	×	H	H	H	H	H	L	L	L	L	L	L	L	

74LS74　双 D 型正沿触发器（带预置和清除端）

功能表

输 入				输 出	
$\overline{S_D}$	$\overline{R_D}$	CP	D	Q	$\overline{Q}$
L	H	×	×	H	L
H	L	×	×	H*	H*
L	L	×	×	H	H
H	H	↑	H	H	L
H	H	↑	L	L	H
H	H	L	×	Q_0	$\overline{Q_0}$

注：*不稳定状态。当预置和清除输入回到高电平时，状态不能保持。

Q_0 =建立稳态输入条件前，Q 的电平。$\overline{Q_0}$ =建立稳态输入条件前，$\overline{Q}$ 的电平。

74LS76　双 JK 触发器（带预置和清除端）

功能表

输 入					输 出	
$\overline{S_D}$	$\overline{R_D}$	CP	J	K	Q	$\overline{Q}$
0	1	×	×	×	1	0
1	0	×	×	×	0	1
0	0	×	×	×	1*	0*
1	1	↓	0	0	Q_0	$\overline{Q_0}$
1	1	↓	1	0	1	0
1	1	↓	0	1	0	1
1	1	↓	1	1	$\overline{Q_0}$	Q_0
1	1	1	×	×	Q_0	$\overline{Q_0}$

注：*不稳定状态，当预置和清除输入回到高电平时，状态将不能保持。

Q_0 =建立稳态输入条件前，Q 的电平。

74LS90　十进制计数器

Q_0 为 CP_0 的二分频输出端，Q_3、Q_2、Q_1 为 CP_1 的五分频输出端；为实现 BCD 计数，可采用以下两种级联方式：Q_0 接 CP_1，芯片对 CP_0 计数，可获得 8421BCD 计数时序。Q_3 接 CP_0，芯片对 CP_1 计数，可获得 5421BCD 计数时序；此时，Q_0 为最高计数位，其十分频计数输出波形具有对称性。

8421BCD　计数时序

计数	输 出			
	Q_3	Q_2	Q_1	Q_0
0	L	L	L	L
1	L	L	L	H
2	L	L	H	L
3	L	L	H	H
4	L	H	L	L
5	L	H	L	H
6	L	H	H	L
7	L	H	H	H
8	H	L	L	L
9	H	L	L	H

输出 Q_0 与 CP_1 相接，对 CP_0 计数

5421BCD　计数时序

计数	输 出			
	Q_0	Q_3	Q_2	Q_1
0	L	L	L	L
1	L	L	L	H
2	L	L	H	L
3	L	L	H	H
4	L	H	L	L
5	H	L	L	L
6	H	L	L	H
7	H	L	H	L
8	H	L	H	H
9	H	H	L	L

输出 Q_3 与 CP_0 相接，对 CP_1 计数

异步控制/计数功能表

异步复位与置 9 输入				输 出			
R_{01}	R_{02}	S_{91}	S_{92}	Q_3	Q_2	Q_1	Q_0
H	H	L	×	L	L	L	L
H	H	×	L	L	L	L	L
×	×	H	H	H	L	L	H
$R_{01} \cdot R_{02}=S_{91} \cdot S_{92}=0$ 时				计　数			

74LS85　4 位数值比较器

功能表

比 较 输 入				比 较 输 入			输 出		
A_3，B_3	A_2,B_2	A_1,B_1	A_0,B_0	A>B	A<B	A=B	A>B	A<B	A=B
$A_3>B_3$	×	×	×	×	×	×	H	L	L
$A_3<B_3$	×	×	×	×	×	×	L	H	L
$A_3=B_3$	$A_2>B_2$	×	×	×	×	×	H	L	L
$A_3=B_3$	$A_2<B_2$	×	×	×	×	×	L	H	L
$A_3=B_2$	$A_2=B_2$	$A_1>B_1$	×	×	×	×	H	L	L
$A_3=B_3$	$A_2=B_2$	$A_1<B_1$	×	×	×	×	L	H	L
$A_3=B_3$	$A_2=B_2$	$A_1=B_1$	$A_0>B_0$	×	×	×	H	L	L
$A_3=B_3$	$A_2=B_2$	$A_1=B_1$	$A_0<B_0$	×	×	×	L	H	L
$A_3=B_3$	$A_2=B_2$	$A_1=B_1$	$A_0=B_0$	H	L	L	H	L	L
$A_3=B_3$	$A_2=B_2$	$A_1=B_1$	$A_0=B_0$	L	H	L	L	H	L
$A_3=B_3$	$A_2=B_2$	$A_1=B_1$	$A_0=B_0$	×	×	H	L	L	H
$A_3=B_3$	$A_2=B_2$	$A_1=B_1$	$A_0=B_0$	H	H	L	L	L	L
$A_3=B_3$	$A_2=B_2$	$A_1=B_1$	$A_0=B_0$	L	L	L	H	H	L

74LS138 3线–8线译码器/多路转换器

功能表

输　入					输　出							
允　许		选　择										
S_1	$\overline{S}$	A_2	A_1	A_0	Y_0	Y_1	Y_2	Y_3	Y_4	Y_5	Y_6	Y_7
×	H	×	×	×	H	H	H	H	H	H	H	H
L	×	×	×	×	H	H	H	H	H	H	H	H
H	L	L	L	L	L	H	H	H	H	H	H	H
H	L	L	L	H	H	L	H	H	H	H	H	H
H	L	L	H	L	H	H	L	H	H	H	H	H
H	L	L	H	H	H	H	H	L	H	H	H	H
H	L	H	L	L	H	H	H	H	L	H	H	H
H	L	H	L	H	H	H	H	H	H	L	H	H
H	L	H	H	L	H	H	H	H	H	H	L	H
H	L	H	H	H	H	H	H	H	H	H	H	L

$*\overline{S} = \overline{S_2} + \overline{S_3}$

74LS148 8线–3线优先编码器

功能表

输　入									输　出				
$\overline{S}$	$\overline{I_0}$	$\overline{I_1}$	$\overline{I_2}$	$\overline{I_3}$	$\overline{I_4}$	$\overline{I_5}$	$\overline{I_6}$	$\overline{I_7}$	$\overline{Y_2}$	$\overline{Y_1}$	$\overline{Y_0}$	$\overline{Y_{EX}}$	$\overline{Y_S}$
H	×	×	×	×	×	×	×	×	H	H	H	H	H
L	H	H	H	H	H	H	H	H	H	H	H	H	L
L	×	×	×	×	×	×	×	L	L	L	L	L	H
L	×	×	×	×	×	×	L	H	L	L	H	L	H
L	×	×	×	×	×	L	H	H	L	H	L	L	H
L	×	×	×	×	L	H	H	H	L	H	H	L	H
L	×	×	×	L	H	H	H	H	H	L	L	L	H
L	×	×	L	H	H	H	H	H	H	L	H	L	H
L	×	L	H	H	H	H	H	H	H	H	L	L	H
L	L	H	H	H	H	H	H	H	H	H	H	L	H

74LS151　8 选 1 数据选择器

功能表

输　入				输　出	
通道地址选择			片选 $\overline{S}$	Y	$\overline{Y}$
A_2	A_1	A_0			
$\times$	$\times$	$\times$	H	L	H
L	L	L	L	D_0	$\overline{D_0}$
L	L	H	L	D_1	$\overline{D_1}$
L	H	L	L	D_2	$\overline{D_2}$
L	H	H	L	D_3	$\overline{D_3}$
H	L	L	L	D_4	$\overline{D_4}$
H	L	H	L	D_5	$\overline{D_5}$
H	H	L	L	D_6	$\overline{D_6}$
H	H	H	L	D_7	$\overline{D_7}$

74LS160/161　同步 4 位计数器

功能表

输　入					输　出
CP	$\overline{R_D}$	$\overline{LD}$	EP	ET	Q^{n+1}
$\times$	L	$\times$	$\times$	$\times$	异步清"0"
$\uparrow$	H	L	$\times$	$\times$	同步置数
$\uparrow$	H	H	H	H	加法计数
$\times$	H	H	L	$\times$	保持
$\times$	H	H	$\times$	L	保持（c=0）

74LS373　八 D 锁存器（三态输出）

功能表

输出控制	允许 G	输入 D	输出 Q_i^{n+1}
L	H	H	H
L	H	L	L
L	L	$\times$	Q_i^n
H	$\times$	$\times$	高阻

74LS164　8 位移位寄存器

功能表

输　入				输　出				说　明
$\overline{R_D}$	CP	A	B	Q_0^{n+1}	Q_1^{n+1}	......	Q_7^{n+1}	
L	$\times$	$\times$	$\times$	L	L	......	L	清零
H	L	$\times$	$\times$	Q_0^n	Q_1^n	......	Q_7^n	保持
H	$\uparrow$	H	H	H	Q_0^n	......	Q_6^n	左移、低位补 1
H	$\uparrow$	L	$\times$	L	Q_0^n	......	Q_6^n	左移、低位补 0
H	$\uparrow$	$\times$	L	L	Q_0^n	......	Q_6^n	左移、低位补 0

74LS194　4位双向移位寄存器

功能表

输　入										输　出			
$\overline{\text{CLR}}$	模　式		CP	串　行		并　行				Q_0^{n+1}	Q_1^{n+1}	Q_2^{n+1}	Q_3^{n+1}
	S_1	S_0		S_L	S_R	D_0	D_1	D_2	D_3				
L	×	×	×	×	×	×	×	×	×	L	L	L	L
H	×	×	L	×	×	×	×	×	×	Q_0^n	Q_1^n	Q_2^n	Q_3^n
H	L	L	×	×	×								
H	H	H	↑	×	×	a	b	c	d	a	b	c	d
H	L	H	↑	H	×	×	×	×	×	H	Q_0^n	Q_1^n	Q_2^n
			↑	L	×	×	×	×	×	L	Q_0^n	Q_1^n	Q_2^n
H	H	L	↑	×	H	×	×	×	×	Q_1^n	Q_2^n	Q_3^n	H
			↑	×	L	×	×	×	×	Q_1^n	Q_2^n	Q_3^n	L

CD4013　双 D 型触发器（带预置和清除端）

功能表

输　入				输　出	
CP	D	R	S	Q	$\overline{Q}$
↑	L	L	L	L	H
↑	H	L	L	H	L
↓	×	L	L	Q	$\overline{Q}$
×	×	H	L	L	H
×	×	L	H	H	L
×	×	H	H	H	H

CD4027　双 JK 主从触发器（带置位和复位端）

功能表

输　入						输　出	
CP	J	K	S	R	Q^n	Q^{n+1}	$\overline{Q^{n+1}}$
↑	H	×	L	L	L	H	L
↑	×	L	L	L	H	H	L
↑	L	×	L	L	L	L	H
↑	×	H	L	L	H	L	H
↓	×	×	L	L	×	Q^n	$\overline{Q^n}$
×	×	×	H	L	×	H	L
×	×	×	L	H	×	L	H
×	×	×	H	H	×	H*	H*

CD4028　8421BCD 译码器

功能表

No.	输　入				输　　出									
	A_3	A_2	A_1	A_0	Q_0	Q_1	Q_2	Q_3	Q_4	Q_5	Q_6	Q_7	Q_8	Q_9
0	L	L	L	L	H	L	L	L	L	L	L	L	L	L
1	L	L	L	H	L	H	L	L	L	L	L	L	L	L
2	L	L	H	L	L	L	H	L	L	L	L	L	L	L
3	L	L	H	H	L	L	L	H	L	L	L	L	L	L
4	L	H	L	L	L	L	L	L	H	L	L	L	L	L
5	L	H	L	H	L	L	L	L	L	H	L	L	L	L
6	L	H	H	L	L	L	L	L	L	L	H	L	L	L
7	L	H	H	H	L	L	L	L	L	L	L	H	L	L
8	H	L	L	L	L	L	L	L	L	L	L	L	H	L
9	H	L	L	H	L	L	L	L	L	L	L	L	L	H
无效	H	L	H	L	L	L	L	L	L	L	L	L	L	L
	H	L	H	H	L	L	L	L	L	L	L	L	L	L
	H	H	L	L	L	L	L	L	L	L	L	L	L	L
	H	H	L	H	L	L	L	L	L	L	L	L	L	L
	H	H	H	L	L	L	L	L	L	L	L	L	L	L
	H	H	H	H	L	L	L	L	L	L	L	L	L	L

CD4040　12 位二进制串行计数器/分频器

功能表

CP	RST	计数器状态
↑	L	不　变
↓	L	加计数
×	H	清　零

CD4060　14 位二进制串行计数器/分频器

功能表

时钟	复位 R	输出状态
↑	L	不变
↓	L	进入下一个状态
×	H	全部输出为 L

参 考 文 献

[1] 张桂芬. 电路与电子技术实验[M]. 北京：人民邮电出版社，2009.

[2] 张廷峰，李春茂. 电工学实践教程[M]. 北京：清华大学出版社，2006.

[3] 孟秀芝，袁文山，马进. 电工电子技术[M]. 北京：北京工业大学出版社，2019.

[4] 周润景，崔婧. Multisim 电路系统设计与仿真教程[M]. 北京：机械工业出版社，2018.

[5] 马楚仪. 数字电子技术实验[M]. 广州：华南理工大学出版社，2005.

[6] 毕淑娥. 电工与电子技术基础[M]. 哈尔滨：哈尔滨工业大学出版社，2008.

[7] 沈小丰，余琼蓉. 电子线路实验[M]. 北京：清华大学出版社，2008.

[8] 张虹，张建华. 电路与电子技术学习和实验实习指导[M]. 北京：北京航空航天大学出版社，2006.

[9] 黄永定. 电子实验综合实验教程[M]. 北京：机械工业出版社，2004.

[10] 廖先芸，郝军. 电子技术实践与训练[M]. 北京：高等教育出版社，2001.